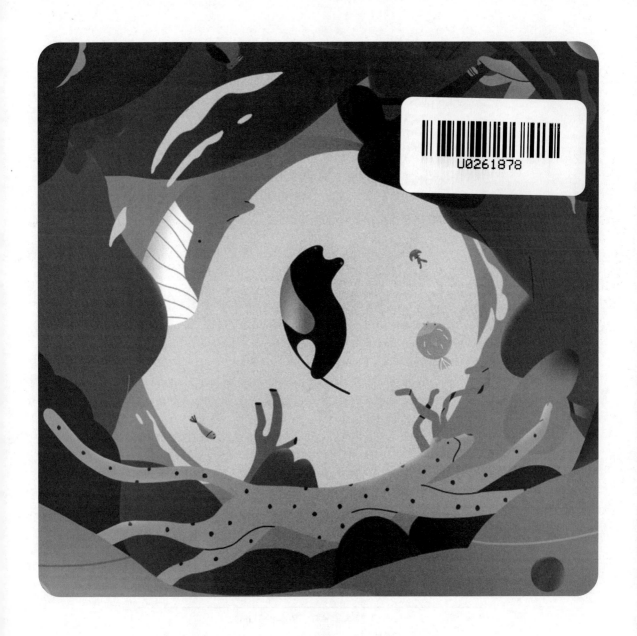

Adobe Animate 2022
经典教程

［美］拉塞尔·陈（Russell Chun）◎ 著

武传海 ◎ 译

人民邮电出版社

北京

图书在版编目（CIP）数据

Adobe Animate 2022经典教程 / （美）拉塞尔·陈
(Russell Chun) 著；武传海译. -- 北京 ：人民邮电出
版社，2023.7
ISBN 978-7-115-60692-1

Ⅰ. ①A… Ⅱ. ①拉… ②武… Ⅲ. ①动画制作软件—
教材 Ⅳ. ①TP391.414

中国版本图书馆CIP数据核字(2022)第235777号

版权声明

♦ 著　　　[美] 拉塞尔·陈（Russell Chun）

译　　　武传海

责任编辑　罗　芬

责任印制　王　郁　胡　南

♦ 人民邮电出版社出版发行　　北京市丰台区成寿寺路 11 号

邮编　100164　电子邮件　315@ptpress.com.cn

网址　https://www.ptpress.com.cn

北京联兴盛业印刷股份有限公司印刷

♦ 开本：787×1092　1/16

印张：17.75　　　　　　　2023 年 7 月第 1 版

字数：470 千字　　　　　2023 年 7 月北京第 1 次印刷

著作权合同登记号　图字：01-2022-2647 号

定价：89.90 元

读者服务热线：(010) 81055410　印装质量热线：(010) 81055316
反盗版热线：(010) 81055315
广告经营许可证：京东市监广登字 20170147 号

内容提要

本书由 Adobe 专家编写，是 Adobe Animate 2022 的经典学习用书。

本书共 9 课，每一课先介绍重要的知识点，然后借助具体的示例进行讲解，步骤详细，重点明确，能帮助读者尽快学会如何进行实际操作。本书主要包含认识 Animate、创建图形和文本、使用补间动画制作元件动画、父子图层与制作传统补间动画、制作人偶变形动画、制作骨骼动画、制作摄像机动画、制作形状动画和使用遮罩、制作交互式横幅广告等内容。

本书语言通俗易懂，配有大量的图示，特别适合新手学习，有一定经验的读者也可从本书中学到大量高级功能和 Adobe Animate 2022 新增的功能。本书适合作为各类院校相关专业的教材，还可作为培训班学员及自学人员的参考书。

前　言

　　Adobe Animate（简称 Animate）为创建复杂动画和交互式富媒体应用程序提供了一个完善的创作环境，支持以多种格式导出作品并发布到多个平台上。Animate 被广泛应用于创意产业中，常用来创建集视频、声音、图形、动画于一体的项目。用户可以在 Animate 中制作原创内容，也可以从 Photoshop、Illustrator 等 Adobe 应用程序导入资源以快速设计动画和多媒体，还可以使用代码添加复杂的交互效果。

　　借助 Animate，用户可以轻松地创建各种图形和动画资源，发布具有广播级质量的动画，制作新颖的沉浸式网站，创建独立的桌面应用程序和运行在移动设备（包括 Android 和 iOS 设备）上的移动应用程序。

　　Animate 是一个强大的多媒体创作环境，它提供了丰富的动画控制选项、直观且灵活的绘图工具，以及大量用于创建 HD 视频（高清视频）、HTML5、WebGL、SVG、移动应用程序、桌面应用程序的输出选项。

 关于本书

　　本书是 Adobe 图形图像与排版软件官方培训教程之一，由 Adobe 产品专家编写。本书在设计内容时做了精心的安排，方便读者灵活地使用本书自学。初次接触 Animate 的读者可以从本书中学到各种基础知识、概念，为掌握这款软件打下坚实的基础。此外，读者还可以学到 Animate 的许多高级功能，包括软件新版本的使用提示与技巧。

　　本书每一课在讲解相关项目时，都给出了详细的操作步骤。尽管如此，讲解仍然留出了一些空间，以供读者自己去探索与尝试。读者学习本书时，既可以从头学到尾，也可以只学习自己感兴趣的部分，请根据自身情况灵活安排。本书每一课的最后都设有复习题，以便读者对前面学习的内容进行回顾，巩固所学知识。

 新增内容

　　Adobe Animate 2022 为人偶变形动画提供了全新的控制选项，改进了图层之间的父子关系，同时增强了画笔设置等功能。

　　本书会介绍 Adobe Animate 2022 中一些升级和增强的功能，包括如下内容。

- 新的装配映射流程，允许使用【资源变形工具】在位图和形状中创建骨骼。
- 改进了图层之间的父子关系，完全支持缩放变形。
- 更强大的图形元件播放选项，包括倒放及对第一帧和最后一帧的设置。
- 对【画笔工具】进行了改进，增加了【仅绘制填充】模式，使操作更加精确。
- 编辑元件时，可自动缩放画笔笔尖。

 ## 必备知识

在学习本书内容之前，请先确保系统设置正确，并安装了需要的软件。读者应该对自己的计算机和操作系统有一定的了解，会使用鼠标、标准菜单与命令，知道如何打开、保存、关闭文件。如果不懂这些知识，请阅读相关的帮助文档。

此外，读者还需要安装最新版的 Adobe Media Encoder（这是一个独立软件，是 Adobe Creative Cloud 的一部分），以发布 Animate 项目视频。

 ## Animate 安装要求

Animate 是 Adobe Creative Cloud 的一部分，在安装之前，必须单独购买 Animate 应用程序。

macOS 安装要求

- 多核 Intel 处理器（支持 64 位操作系统）。
- macOS v10.15（Catalina）、v11.0（Big Sur）或 v12（Monterey）。
- 2GB 内存（推荐 8GB）。
- 分辨率为 1024 像素 ×900 像素（推荐 1280 像素 ×1024 像素），支持 GPU。
- QuickTime 10.x。
- 至少有 4GB 磁盘空间，安装期间需要更多的空闲磁盘空间（无法安装在区分大小写的文件系统的磁盘或可移动存储设备上）。
- OpenGL v3.3 或更高版本（推荐支持 Metal）。
- 互联网连接和注册信息：用于激活软件、订阅验证、访问在线服务等。

Windows 安装要求

- Intel Pentium® 4、Intel Centrino®、Intel Xeon®、Intel CoreTM Duo（或兼容）处理器（2GHz 或更快）。
- Microsoft Windows 10（64 位）v2004、v20H2、v21H1。
- 2GB 内存（推荐 8GB）。
- 分辨率为 1024 像素 ×900 像素（推荐 1280 像素 ×1024 像素）。
- 至少有 4GB 磁盘空间，安装期间需要更多的空闲磁盘空间（无法安装在可移动存储设备上）。
- OpenGL v3.3 或更高版本（DirectX® 12 Feature Level 12_0 或更高版本）。
- 互联网连接和注册信息：用于激活软件、订阅验证、访问在线服务等。

请访问 Adobe 官方网站的帮助页面，以获取有关系统要求的更新和软件安装的完整说明。请从 Adobe Creative Cloud 中安装 Animate，并确保拥有登录名和密码。

怎样使用本书

本书中的每一课都提供了详细的操作步骤，掌握这些操作步骤可以完成真实项目中的部分工作。有些课程依赖于前面课程中创建的项目，但大多数课程是独立的。所有课程在概念和技巧上是相辅相成的，所以学习本书最好的方法是按顺序学习。请注意，在本书中，有些技术和方法只在第一次使用时进行详细讲解。

在学习本书课程的过程中，会创建与发布多种项目文件，如 GIF 动画、HTML 文件、视频、AIR 桌面应用程序。读者可以在每一课的 Lesson 文件夹下的 End 子文件夹（如 01End、02End 等）中找到最终完成的项目。读者可以参考这些项目，对比自己制作好的作品，找一找差别，从而获得进步。

请注意，本书课程的组织是以项目（而非软件功能）为导向的。也就是说，读者需要在几节课（而非一节课）中完成真实设计项目中的相关内容。

 其他资源

本书的编写目的并非取代软件的说明文档，因此书中不会详细讲解软件的每个功能，而只会讲解课程中用到的命令和菜单。读者若想获取有关 Animate 软件功能和教程的全面信息，请在【帮助】菜单中选择相关菜单命令，或者在【主页】界面中单击相关链接，访问以下资源。

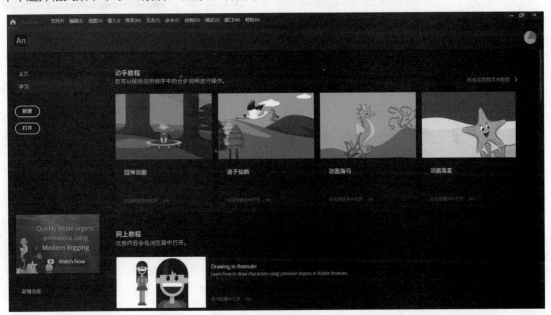

- **Adobe Animate 学习和支持**。可以查找并浏览 Adobe 官网中的帮助和支持内容。打开该页面的方法：在 Animate 的菜单栏中依次选择【帮助】>【Animate 帮助】或者按 F1 键，进入软件帮助页面；在【Adobe Animate 学习和支持】页面中单击【用户指南】，进入 Animate 用户指南页面。
- **Animate 在线教程**。在【主页】界面中单击【学习】选项卡，【动手教程】下有一些网络教程，这些网络教程有的面向初学者，有的面向有经验的用户，而且每个网络教程都配套提供了相应的示例文件。单击某个网络教程后，会在浏览器中打开该教程。此外，也可以从菜单栏中依次选择【帮助】>

【在线教程】，打开这些网络教程。

· **Adobe Creative Cloud 教程**。在 Adobe Creative Cloud 教程页面中，可以找到一些与 Animate 相关的技术教程、跨产品工作流程、功能更新信息，还可以从中获得一些灵感与启发。

· **Animate 资源面板**。【资源】面板中包含使用各种技术（如逐帧动画、补间动画、逆向运动学）制作的动画。使用时，只需要简单地把它们从【资源】面板拖入舞台中即可。建议读者花些时间了解一下这些动画是如何制作的。分析其他艺术家的作品是一个提升自己水平并获取灵感的好办法。【资源】面板中的资源一直在更新，单击【资源】面板底部的【下载资源】图标，可以获取更新的资源。

· **Adobe 论坛**。在 Adobe 论坛中，可就 Adobe 产品展开讨论、提出问题和回答问题。从菜单栏中依次选择【帮助】>【Animate 社区论坛】，即可进入 Adobe 论坛。

· **Adobe Create 在线杂志**。Adobe Create 在线杂志中有许多讲解设计及与设计有关的问题的深度好文，同时，还可以在其中看到大量顶尖设计师的优秀作品、各种教程等。

· **教育资源**。这里为讲授 Adobe 系列软件课程的讲师提供了一个信息宝库，在其中可以找到各个级别的培训方案，包括采用综合教学法的免费 Adobe 系列软件课程，这些课程可以作为 Adobe Certified Associate 认证考试的培训课程。

此外，还可参考以下资源。

· **Adobe 增效工具**。可查找各种工具、服务、扩展、代码示例等，用以扩展与增强 Adobe 系列软件。

· **Animate 产品主页**。

 # Adobe 授权培训中心

Adobe 授权培训中心（Adobe Authorised Training Centre，AATC）提供有关 Adobe 产品的教师指导课程和培训。

资源与支持

本书由"数艺设"出品，"数艺设"社区平台（www.shuyishe.com）为您提供后续服务。

配套资源

扫描下方二维码，关注"数艺设"公众号，回复本书第 51 页左下角的五位数字，即可得到本书配套资源的获取方式。

"数艺设"公众号

"数艺设"社区平台，为艺术设计从业者提供专业的教育产品。

与我们联系

我们的联系邮箱是 luofen@ptpress.com.cn。如果您对本书有任何疑问或建议，请您发邮件给我们，并请在邮件标题中注明本书的书名，以便我们更高效地做出反馈。如果您有兴趣出版图书、录制教学课程，或者参与技术审校等工作，可以发邮件给我们；如果学校、培训机构或企业想批量购买本书或"数艺设"的其他图书，也可以发邮件联系我们（邮箱：luofen@ptpress.com.cn）。

如果您在网上发现针对"数艺设"图书的各种形式的盗版行为，包括对图书全部或部分内容的非授权传播，请您将怀疑有侵权行为的链接通过邮件发给我们。您的这一举动是对作者权益的保护，也是我们持续为您提供有价值的内容的动力之源。

关于"数艺设"

人民邮电出版社有限公司旗下品牌"数艺设"，专注于专业艺术设计类图书出版，为艺术设计从业者提供专业的图书、课程等教育产品。出版领域涉及平面、三维、影视、摄影与后期等数字艺术门类，字体设计、品牌设计、色彩设计等设计理论与应用门类，UI 设计、电商设计、新媒体设计、游戏设计、交互设计、原型设计等互联网设计门类，环艺设计手绘、插画设计手绘、工业设计手绘等设计手绘门类。更多服务请访问"数艺设"社区平台 www.shuyishe.com。我们将提供及时、准确、专业的学习服务。

目　录

第 8 课　制作形状动画和使用
　　　 遮罩 211

第 9 课　制作交互式横幅广告 237

认识 Animate

课程概览

本课主要讲解以下内容。

- 在 Animate 中新建文档
- 了解 Animate 中的文档类型
- 调整舞台属性、文档属性与定制工作区
- 使用【库】面板中的资源
- 在【时间轴】面板中组织图层
- 认识与管理【时间轴】面板中的关键帧

- 调整对象在舞台中的位置
- 打开与使用面板
- 选择与使用【工具】面板中的工具
- 向关键帧添加图层效果
- 预览动画
- 保存动画

学习本课至少需要 **1** 小时

　　在 Animate 中，你可以轻松地在舞台中安排各种视觉元素，在【时间轴】面板中组织帧和图层，以及在其他面板中编辑与控制创建的内容。

1.1 启动 Animate 并打开一个文件

启动 Animate 后，会看到【主页】界面，在其中可以新建项目，也可以打开保存过的项目，如图 1-1 所示。【主页】界面中显示了一些文件预设，以及最近打开过的项目。

图 1-1

> 💡 提示　双击一个 Animate 文件（*.fla 或 *.xfl），如 01End.fla 文件（可以在本课课程文件中找到这个已经制作好的项目文件），也可以启动 Animate。

在本课中，我们会制作一个简单的幻灯片式的动画，展示一些度假时拍摄的照片。在制作过程中，我们会添加背景、照片和一些装饰元素，从而学习如何在舞台上安排各个元素，如何沿着动画时间轴放置各个元素，确保它们按顺序逐个显现。另外，我们还会学习如何在舞台中组织元素，以及如何使用【时间轴】面板按时间组织元素。

❶ 启动 Animate。在 Windows 系统下，依次选择【开始】>【所有程序】>【Adobe Animate 2022】；在 macOS 下，在【应用程序】文件夹中，双击 Adobe Animate 2022 文件夹中的 Adobe Animate 2022。

❷ 在【主页】界面中，单击【打开】按钮，或者从菜单栏中依次选择【文件】>【打开】［按 Command+O（macOS）/Ctrl+O（Windows）组合键］，在【打开】对话框中，转到 Lessons/01/01End 文件夹下，选择 01End.fla 文件，单击【打开】按钮，打开制作好的项目。

❸ 软件界面的右上角有一个【测试影片】按钮▶，如图 1-2 所示，单击该按钮，或者从菜单栏中依次选择【控制】>【测试】。

此时，Animate 会导出项目，并在一个新的窗口（预览窗口）中打开它，如图 1-3 所示。

这时，动画开始播放。在动画播放期间，照片会依次重叠出现，最后出现一些星星。每当新照片出现时，之前的照片就会变模糊，并向后退到背景之中。

❹ 关闭预览窗口与 FLA 文件。

图 1-2

图 1-3

1.2 了解文档类型与新建文档

Animate 是一个动画制作工具。新建文档时选择何种文档类型取决于制作好的动画要在什么平台播放。

💡注意 不同类型的文档支持的对象有所不同，例如 HTML5 Canvas 类型的文档就不支持 3D 旋转与 3D 变换工具。当前类型的文档不支持的工具会在 Animate 界面中呈现灰色不可用状态。

1.2.1 播放环境

播放环境或运行时是播放最终制作好的动画时需要用到的技术。动画可以在支持 HTML5 与 JavaScript 的浏览器中播放，也可以导出成视频上传到 YouTube，或者导出为 GIF 动画上传到 Twitter。动画也可以在移动设备或虚拟现实设备的 App 中播放。总之，要先确定动画的播放环境，然后才能选择合适的文档类型。

1.2.2 文档类型

Animate 支持 9 种文档类型，这 9 种文档类型分别针对不同的播放环境，而不同的播放环境支持不同的动画和交互功能。下面列出了一些常见的 Animate 文档类型。

· ActionScript 3.0 文档类型用于把创建好的动画导出成视频、图形或动画资源，如 Sprite 表、PNG 序列等。ActionScript 是 Animate 的原生脚本语言，与 JavaScript 相似。请注意，使用 ActionScript 3.0 文档类型并不是说一定要使用 ActionScript 代码。

💡注意 ActionScript 3.0 文档支持把内容发布为 Mac 放映文件或 Win 放映文件，这些放映文件是独立的桌面应用程序，它们的播放不依赖浏览器。

- HTML5 Canvas 文档类型用于创建能够在支持 HTML5 或 JavaScript 的浏览器中播放的动画资源。在 Animate 中插入 JavaScript，或者将其添加到最终发布的文件中，可以为动画添加交互功能。

- WebGL glTF Extended 或 WebGL glTF Standard 文档类型用于创建交互式动画资源（可获得硬件加速支持）或受支持的 3D 图形。

- AIR for Desktop 文档类型用于创建交互式动画，这些动画在 Windows 或 macOS 中可作为桌面应用程序播放，完全不用浏览器。用户可以使用 ActionScript 3.0 为 AIR 文档添加交互功能。

- AIR for Android 或 AIR for iOS 文档类型用于为 Android 或 iOS 移动设备发布 App。用户可以使用 ActionScript 3.0 为移动 App 添加交互功能。

- VR Panorama 或 VR 360 文档类型用于为网页浏览器发布一个虚拟现实项目，用户可以全方位观看，还可以向沉浸式环境中添加动画或交互功能。

> 💡 提示　在 Animate 中，用户可以轻松地将一种文档类型转换成另外一种文档类型。例如，如果用户想更新一个旧的 Flash 横幅广告动画，可以将其从 ActionScript 3.0 文档类型转换成 HTML5 Canvas 文档类型。转换方法很简单，只需要从【文件】>【转换为】中选择相应的文档类型即可进行转换，但是在转换过程中，一些功能和特性可能会丢失。例如，在转换为 HTML5 Canvas 文档类型时，ActionScript 代码会被注释掉。

不论播放环境和文档类型如何，所有文档都应该以 FLA（Animate 文档）或 XFL 格式（Animate 未压缩文档）保存。各文档类型之间的区别是：选择不同的文档类型，最终得到的发布文件会不一样。

1.2.3　新建文档

下面制作一个简单动画，最终动画效果在本课开始时已经预览过。

❶ 启动 Animate 后，看到的应该是【主页】界面。如果不是，可以单击软件界面左上角的小房子图标🏠，如图 1-4 所示，打开【主页】界面。

【主页】界面中显示了一些针对不同播放环境和不同布局大小的预设，如图 1-5 所示。

图 1-4

图 1-5

例如，选择【角色动画】类别下的【全高清】预设，Animate 会新建一个 ActionScript 3.0 文档，导出的视频的尺寸是 1920 像素 ×1080 像素；选择【广告】类别下的【方形】预设，Animate 会新建一个 HTML5 Canvas 文档，其在浏览器中播放时的尺寸是 250 像素 ×250 像素。

❷ 选择【更多预设】，或者从菜单栏中依次选择【文件】>【新建】，打开【新建文档】对话框，如图 1-6 所示。

【新建文档】对话框的顶部列出了 7 个类别。单击每一个类别，对话框中间显示该类别下可用的预设。选择一种预设，对话框右侧的【详细信息】区域中会列出该预设的详细设置，可以在这里进一步调整这些设置。

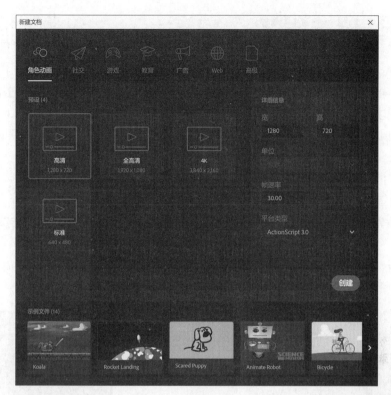

图 1-6

❸ 选择最右侧的【高级】类别，如图 1-7 所示。

此时，对话框中间会显示出所有可用平台。可以先在左侧区域中选择某一种文档类型，然后再在右侧的【宽】与【高】中输入数值。

图 1-7

❹ 在对话框中间的【平台】下，选择【ActionScript 3.0】，然后在对话框右侧的【详细信息】区域中，在【宽】与【高】中输入像素值（【宽】为 800 像素、【高】为 600 像素），指定文档的尺寸。

❺ 单击【创建】按钮。

此时，Animate 会新建一个指定尺寸的 ActionScript 3.0 文档。

❻ 从菜单栏中依次选择【文件】>【保存】，在【另存为】对话框中，输入文件名 01_workingcopy，在【保存类型】下拉列表中选择【Animate 文档 (*.fla)】。尽管软件名称叫 Animate，但是文件的扩展名是 .fla 或 .xfl，这两个扩展名都暗示了 Animate 的前身是 Flash。转到 01Start 文件夹下，单击【保存】按钮。

> 💡 注意　在保存 Animate 文档时，若从【保存类型】下拉列表中选择了【Animate 未压缩文档 (*.xfl)】，则文档会被保存成包含在一个文件夹中的一系列文件，并不是单个文档。这样文档内容对所有人都是公开的，方便大家相互交换资源。XFL 格式是一种非常高级的文档存储格式，本书不会用到这种格式。

随时保存文档是一个好习惯。养成这个习惯，当程序或计算机突然崩溃时，造成的损失就不会太大。保存 Animate 文档时，建议选择 FLA 格式（如果想将文档保存成 Animate 未压缩文档，则可以选择 XFL 格式），以表明它是一个 Animate 源文件。

1.3 认识工作区

首次运行 Animate 时，它会询问你是哪类用户，如是初学者，还是专家，你的回答影响着用户界面的配置方式。此外，你可以随时根据自己的使用习惯定制工作区。本课将介绍配置工作区的方法。

Animate 的工作区由菜单栏（位于软件界面顶部）、各种编辑与添加元素的工具、面板组成。制作动画时，既可以在 Animate 中手动创建各种元素，也可以直接导入由 Illustrator、Photoshop、After Effects 等 Adobe 软件制作的元素。

Animate 提供了多种工作区，在【基本功能】工作区下，有菜单栏、【时间轴】面板、舞台、【工具】面板、【属性】面板、编辑栏、图层，以及一些其他面板，如图 1-8 所示。使用 Animate 时，可以根据项目类型和屏幕分辨率自由地打开、关闭面板，为面板编组或取消面板编组，停放或取消停放面板，以及移动面板。

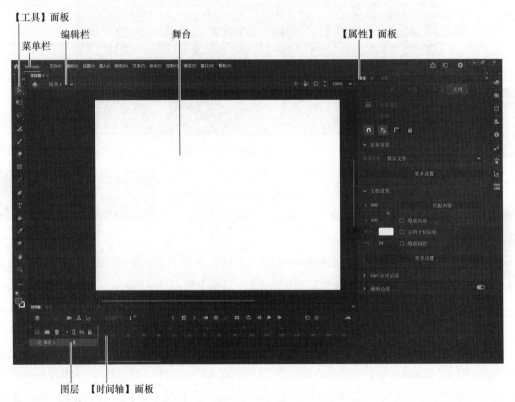

图 1-8

1.3.1 切换工作区

Animate 内置了一些工作区，这些工作区能够很好地满足特定用户的需要。选择【窗口】>【工作区】，或者单击软件界面右上角的工作区切换图标，选择某一个工作区即可进行切换，或者保存新工作区。

❶ 单击工作区切换图标，如图 1-9 所示，选择一个新工作区。

图 1-9

在不同工作区下，软件会根据各面板的重要程度安排它们的位置和尺寸。例如，在【动画】和【设计人员】工作区下，【时间轴】面板被放置到了工作区顶部，以方便用户快速、频繁地访问它。

❷ 选择【基本功能】工作区。

本书讲解操作步骤时使用的就是【基本功能】工作区。在【基本功能】工作区中，舞台与常用面板之间实现了较好的平衡。

❸ 在某个工作区下调整了某些面板后，如果想返回到当前工作区的原始布局，则可以从菜单栏中依次选择【窗口】>【工作区】>【重置×××】（×××是当前工作区的名称），然后在弹出的重置确认对话框中单击【是】按钮。此外，还可以单击工作区切换图标，再单击工作区名称右侧的重置图标重置当前工作区，如图 1-10所示。

图 1-10

> 💡 **注意** 如果你告诉 Animate 你是一个新用户，则 Animate 会把默认工作区设置成【基本】工作区。否则，Animate 会把默认工作区设置成【基本功能】工作区。

1.3.2 保存工作区

如果觉得当前工作区的布局很适合自己的工作习惯，那么可以将其保存成一个自定义工作区，方便以后再次使用这个工作区。

❶ 单击工作区切换图标，在弹出的面板中，在【新建工作区】下方的文本框中输入新工作区的名称，如图 1-11 所示。

❷ 单击新工作区名称右侧的图标，保存新工作区，如图 1-12 所示。

此时，Animate 会把当前工作区的布局保存成一个新工作区，并把新工作区添加到工作区菜单中，以便随时访问，如图 1-13 所示。

图 1-11   图 1-12   图 1-13

❸ 在默认设置下，Animate 的用户界面是深灰色的。用户可以根据自身的喜好更改用户界面的颜色。选择【Animate】>【首选参数】>【编辑首选参数】（macOS），或者选择【编辑】>【首选参

数】>【编辑首选参数】（Windows），在【常规】选项卡的【UI主题】下拉列表中选择一种颜色，如图1-14所示。

本书的界面截图都是在【深】主题下截取的。

图 1-14

> 💡 **提示** 如果想保存并分享工作区和其他应用程序设置，就需要把它们导出到一个 ANP 文件中。从菜单栏中依次选择【编辑】>【首选参数】>【导出首选参数】进行导出，即可得到一个 ANP 文件，其他用户可以导入这个 ANP 文件使用。

1.3.3 舞台

软件界面中间的一大块白色矩形区域，叫作"舞台"。把视觉元素放入舞台中，我们就能看见它们；相反，把视觉元素移出舞台，我们就看不见它们了。在舞台中摆放视觉元素时，可以使用标尺（【视图】>【标尺】）或网格（【视图】>【网格】>【显示网格】）来辅助对齐元素。

此外，还有一些其他辅助对齐工具，包括辅助线（可从标尺上拖出，也可选择【视图】>【辅助线】）、【对齐】面板等，这些内容后面会讲到。

在默认情况下，舞台外部会有一些灰色区域，这些灰色区域叫"粘贴板"。粘贴板中的元素观众是看不见的，因此可以把一些不想让观众看到的元素放入粘贴板中。从菜单栏中依次选择【视图】>【缩放比率】>【剪切到舞台】，可以在视图中只显示舞台。目前，保持【剪切到舞台】处于未选中状态，即允许粘贴板显示在视图中。

此外，还可以单击【剪切掉舞台范围以外的内容】按钮（见图1-15），把舞台区域之外的图形元素剪切掉，从观众视角观看项目最终呈现的样子。

图 1-15

> 💡 **提示** 从菜单栏中依次选择【视图】>【屏幕模式】>【全屏模式】，在全屏模式下显示舞台，此时各面板都会隐藏起来。按 F4 键，可以把各面板重新显示出来，按 Esc 键（或 F11 键），可返回到标准屏幕模式下。

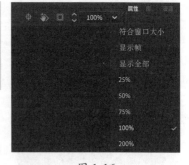

从菜单栏中依次选择【视图】>【缩放比率】>【符合窗口大小】，可以把舞台缩放到文档窗口大小。此外，还可以从文档窗口右上角的缩放比率下拉列表中选择不同的缩放选项来缩放舞台，如图1-16所示。

图 1-16

1.3.4 更改舞台属性

可以在【属性】面板（位于舞台右侧）中更改舞台颜色、舞台大小、帧速率等属性。接下来更改舞台颜色。

❶ 在【属性】面板的【文档设置】区域中，可以看到舞台当前的尺寸是 800 像素 ×600 像素，这是新建文档时设定的，如图1-17所示。

❷ 在【属性】面板中，单击舞台右侧的【背景颜色】框，从色板中选择深灰色（#333333），如图 1-18 所示。

此时，舞台就被填充为深灰色。

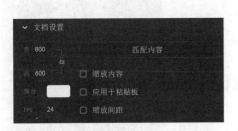

图 1-17

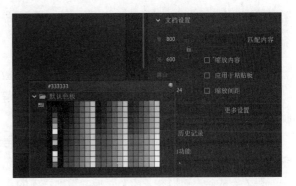

图 1-18

1.4 使用【库】面板

【库】面板与【属性】面板位于同一个面板组中，单击【库】选项卡，即可打开【库】面板。其中显示了文档库中的内容，元件（在 Animate 中创建）与导入的文件（位图、图形、声音文件、视频文件等）的存储与组织都是在这个库中进行的。元件是指创建动画与交互时常用的图形。

> 💡 注意 有关元件的内容将在第 2 课中详细讲解。

1.4.1 关于【库】面板

在 Animate 中，可以使用【库】面板组织文件夹中的库资源，查看文档中某个资源的使用频率，以及按照类型对资源进行分类。此外，还可以在【库】面板中创建文件夹来对各个资源进行分组。在向 Animate 导入资源时，可以把它们直接导入舞台或者库中。不过，所有导入舞台中的资源都会被添加到库中，这跟创建元件时一样。我们可以轻松访问库中的资源，把它们添加到舞台中以编辑或查看属性。

> 💡 提示 可以把资源保存到【资源】面板（【窗口】>【资源】，macOS）或者【CC Libraries】（【窗口】>【CC Libraries】，Windows）中，然后在 Adobe Creative Cloud 账户中对资源进行分类，以便在不同 Adobe 软件之间共享。

从菜单栏中依次选择【窗口】>【库】，或者按 Command+L（macOS）/Ctrl+L（Windows）组合键，即可打开【库】面板。

1.4.2 向【库】面板中导入资源

我们可以在 Animate 中直接使用绘图工具创建图形，然后把它们保存成元件存储到【库】面板中；还可以把 JPEG 图像、MP3 声音文件等媒体文件导入 Animate 并保存在【库】面板中。下面把几张制作动画时要用到的图片导入【库】面板中。

❶ 从菜单栏中依次选择【文件】>【导入】>【导入到库】，在【导入到库】对话框中，转到

Lessons/01/01Start 文件夹下，选择 background.png 文件，单击【打开】按钮。若在 01Start 文件夹下未看到图片文件，则可以在【导入到库】对话框的文件类型下拉列表中选择【所有文件 (*.*)】以显示它们。

> 💡 提示　在 macOS 下单击【选项】按钮，才能在文件类型下拉列表中选择【所有文件 (*.*)】。

此时，Animate 会导入选择的 PNG 图片，并把它放入【库】面板中。

❷ 使用相同的方法，从 01Start 文件夹中逐个导入 photo1.jpg、photo2.jpg、photo3.jpg 这 3 张图片。

当然，还可以按住 Shift 键同时选中 3 张图片，再单击【打开】按钮，一次性把它们导入。

导入完成后，可以在【库】面板中看到导入的 4 张图片，当选中某张图片后，可以看到这张图片的缩览图，如图 1-19 所示。

图 1-19

1.4.3　把【库】面板中的资源添加到舞台中

若想使用导入的图片，只需要将其从【库】面板拖入舞台中即可。

❶ 若【库】面板当前未打开，则可以从菜单栏中依次选择【窗口】>【库】将其打开。

❷ 把 background.png 图片拖到舞台上，如图 1-20 所示，并将其放置到舞台正中央。

图 1-20

> 💡 提示　可以从菜单栏中选择【文件】>【导入】>【导入到舞台】，或者按 Command+R（macOS）/Ctrl+R（Windows）组合键，把一张图片导入【库】面板并同时添加到舞台中。

1.5　认识【时间轴】面板

在【基本功能】工作区下，【时间轴】面板位于舞台之下。【时间轴】面板中包含动画播放控件与时间轴，时间轴上从左到右依次显示动画中的一系列事件。与电影类似在 Animate 中，用帧来度量动画的时间。播放动画时，播放滑块（蓝色竖线）会依次经过时间轴上的各个帧。可以通过舞台更改各帧的内容。把播放滑块沿着时间轴移动到某个帧上，在舞台中就可以看到这个帧的内容。

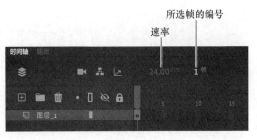

图 1-21

【时间轴】面板顶部显示了所选帧的编号和当前帧速率（每秒播放多少帧），如图 1-21 所示。

【时间轴】面板左侧显示的是图层，图层用来组织画面中的各个元素。目前，项目中只有一个图层，名称为"图层 _1"。我们可以把图层想象成叠在一起的电影胶片。每个图层都包含画面中的一个或几个元素，你可以自由地在一个图层上绘制与编辑组成画面的元素，而且完全不用担心会影响到其他图层上的元素。图层在【时间轴】面板中的堆叠顺序决定着图层中各元素在舞台中的前后顺序。图层的图标选项栏中有圆点、方框、眼睛、锁头几个图标，单击这几个图标，可以突出显示图层、以轮廓形式显示图层内容、隐藏 / 显示图层、锁定 / 解除锁定图层。

当有多个图层时，单击时间轴上方的【仅查看现用图层】图标，可以只显示当前选中的图层。

更改时间轴外观

可以根据自身工作的需要调整时间轴的外观。例如，如果想看到更多图层，则可以在【时间轴】面板右上角的面板菜单中勾选【较短】。勾选【较短】后，Animate 会降低帧单元格的高度。勾选【预览】或【关联预览】，Animate 会在时间轴上以缩览图的形式显示关键帧的内容，如图 1-22 所示。

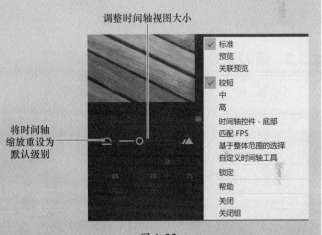

图 1-22

【时间轴】面板的右上角有一个【调整时间轴视图大小】滑块，拖动该滑块可放大或缩小时间轴视图。时间轴视图越大，其显示的帧数越少；时间轴视图越小，其显示的帧数越多。单击滑动条左侧的【将时间轴缩放重设为默认级别】图标，可把时间轴视图恢复成正常大小。

可以自定义【时间轴】面板，把常用的时间轴控件显示在【时间轴】面板上。单击【时间轴】面板右上角的面板菜单，从弹出的菜单中选择【自定义时间轴工具】，打开【自定义时间轴】面板。该面板中包含所有可用的时间轴控件，可以从中选择要显示或隐藏的时间轴控件。在默认情况下，那些处于高亮状态的图标对应的时间轴控件都是已经显示在【时间轴】面板中的控件，如图 1-23 所示。

图 1-23

单击某个时间轴控件，可以将其添加到【时间轴】面板中或从【时间轴】面板中移除。单击【重置时间轴控件】图标，可以把【时间轴】面板中的控件恢复成原来的样子。

1.5.1 重命名图层

制作动画时，最好把不同的内容放到不同的图层上，并为每个图层起一个合适的名字，这个名字要与图层中的内容有一定的关联，方便以后快速查找需要的图层。

❶ 双击"图层_1"这个图层的名称，在名称输入框中输入 background。

❷ 在名称输入框之外单击，使新名称生效，如图 1-24 所示。

❸ 把鼠标指针移动到 background 图层上，单击出现在右侧的锁头图标，把图层锁定，如图 1-25 所示。把一个图层锁定之后，无法移动这个图层，也无法更改图层中的内容，这样可以避免误编辑的情况。

图 1-24

图 1-25

当一个图层右侧出现锁头图标时，表示这个图层处于锁定状态，此时无法编辑这个图层。

1.5.2 添加图层

当前 Animate 文档中只包含一个图层，我们可以根据需要向文档中添加任意多个图层。上一个图层中的内容会盖住下一个图层中的内容，但是可以在【图层深度】面板中改变图层的深度。更多相关内容将在第 7 课中讲解。

图 1-26

❶ 在【时间轴】面板中选择 background 图层。

❷ 从菜单栏中依次选择【插入】>【时间轴】>【图层】，或者单击【时间轴】面板左上角的【新建图层】图标，如图 1-26 所示。

此时，Animate 会在 background 图层之上添加一个新图层。

❸ 双击新图层的名称（图层_2），在名称输入框中输入 photo1。在名称输入框之外单击，使新名称生效。

此时，【时间轴】面板中有两个图层，background 图层中包含着背景图片，新创建的 photo1 图层目前是空的。

❹ 选择 photo1 图层。

❺ 若当前【库】面板未打开，则可以从菜单栏中依次选择【窗口】>【库】将其打开。

❻ 从【库】面板把 photo1.jpg 图片拖到舞台上。

此时，Animate 会把 photo1.jpg 图片放到舞台上，并使其叠加在 background.png 图片之上，如图 1-27 所示。

图 1-27

> **注意** 随着添加的图层越来越多，各图层内容之间的叠加关系会变得越来越复杂。单击某个图层右侧的眼睛图标，会把该图层隐藏起来。按住 Shift 键单击某个图层右侧的眼睛图标，可使图层变得半透明，其下的内容就会显现出来。在 Animate 中，隐藏图层或使图层变得半透明只影响我们观看项目的方式，而不会对最终输出效果产生影响。双击图层图标（位于图层名称左侧），在弹出的【图层属性】对话框中可调整图层的透明度级别（可见性）。

⑦ 从菜单栏中依次选择【插入】>【时间轴】>【图层】，或者单击【时间轴】面板左上角的【新建图层】图标，添加第三个图层。

⑧ 把第三个图层重命名为 photo2。

使用图层

如果不需要某个图层了，可以先选中它，然后在【时间轴】面板中单击【删除】图标将其轻松删除，如图 1-28 所示。

如果想更改图层的堆叠顺序，以改变图层内容之间的遮挡关系，则只需要在图层堆叠区域上下拖动图层即可。

图 1-28

1.5.3 插入帧

目前，舞台上有了两张图片，一张是 background.png 图片，另一张叠在 background.png 图片之上。整个动画只有 1 帧，1 秒动画中包含很多帧，因此 1 帧占的时长非常短。为了增加动画时长，必须再向动画中添加多个帧。

① 在 background 图层中，选中第 48 帧。向右拖动【时间轴】面板右上角的【调整时间轴视图大小】滑块，把时间轴中的帧放大一些，以便我们迅速找到第 48 帧，如图 1-29 所示。

图 1-29

② 从菜单栏中依次选择【插入】>【时间轴】>【帧】（按 F5 键）；或者单击【时间轴】面板中的【插入帧】图标在下拉列表中选择【帧】，如图 1-30 所示；或者使用鼠标右键单击第 48 帧，在弹出的快捷菜单中选择【插入帧】。

此时，Animate 会在 background 图层中从头开始插入帧，一直插到选择的那一帧（第 48 帧），如图 1-31 所示。

图 1-30

③ 选择 photo1 图层中的第 48 帧。

④ 从菜单栏中依次选择【插入】>【时间轴】>【帧】（按 F5 键）；或者单击【时间轴】面板中的【插

入帧】图标,在下拉列表中选择【帧】;或者使用鼠标右键单击第 48 帧,在弹出的快捷菜单中选择【插入帧】,在 photo1 图层中从头插入帧到第 48 帧。

图 1-31

❺ 选择 photo2 图层中的第 48 帧,在这个图层中插入帧。

当前,动画中有了 3 个图层,每个图层都有 48 帧。由于 Animate 文档的帧速率为 24 帧 / 秒,所以当前动画时长是 2 秒。

选择多个帧

在计算机中按住 Shift 键的同时单击多个文件,可以同时选中它们。类似地,在 Animate 的时间轴中按住 Shift 键的同时单击多个帧,也可以同时选中它们。如果想向多个图层插入帧,则可以先选择第一个图层中的一帧,然后按住 Shift 键的同时单击最后一个图层中的同一帧,即可把两个图层之间的所有图层的同一帧选中,或者拖选多个图层,然后从菜单栏中依次选择【插入】>【时间轴】>【帧】。

1.5.4 插入关键帧

关键帧会指示舞台上内容的变化。在时间轴上,关键帧内部带有一个圆。空心圆表示在某个图层的某个时间点上一片空白,没有内容;实心圆表示在某个图层的某个时间点上有内容。例如,background 图层的第 1 帧是一个包含内容的关键帧(实心圆),photo1 图层的第 1 帧也是一个包含内容的关键帧(实心圆),而 photo2 图层的第 1 帧是一个空白的关键帧(空心圆),如图 1-32 所示。

图 1-32

除了可以手动插入关键帧之外,还可以使用时间轴上方的【自动插入关键帧】图标(图标上带有一个 "A")自动插入关键帧。若【自动插入关键帧】功能处于开启状态,当添加或编辑舞台上的内容时,Animate 会即时自动插入一个关键帧。若【自动插入关键帧】功能处于关闭状态,则必须手动插入关键帧。

接下来向 photo2 图层插入一个关键帧,插入点是下一张图片出现的时间点。

❶ 确保【自动插入关键帧】功能处于关闭状态。选择 photo2 图层的第 24 帧,所选帧的编号会显示在时间轴的左上方(帧速率右侧),如图 1-33 所示。

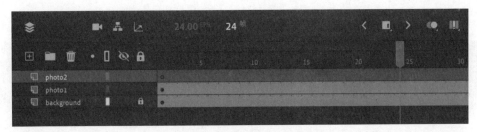

图 1-33

❷ 从菜单栏中依次选择【插入】>【时间轴】>【关键帧】（按 F6 键），或者单击时间轴上方的【插入关键帧】图标。

此时，photo2 图层的第 24 帧出现了一个空白关键帧（空心圆），如图 1-34 所示。

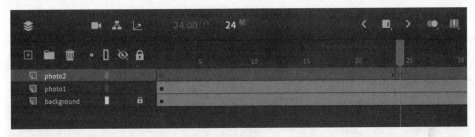

图 1-34

❸ 从【库】面板中把 photo2.jpg 拖到舞台上。

此时，photo2 图层的第 24 帧上的空心圆变成实心圆，表示当前 photo2 图层的第 24 帧有了内容。播放动画时，图片会在第 24 帧出现在舞台上。可以沿着时间轴拖动播放滑块，边拖边观看舞台上的内容；也可以直接把播放滑块拖动到某个特定的时间点，查看这个时间点舞台中的内容。在整个播放时间内，background.png 图片和 photo1.jpg 图片都出现在舞台上，而 photo2.jpg 图片在第 24 帧时才出现在舞台上，如图 1-35 所示。

图 1-35

想要掌握 Animate，必须要理解帧和关键帧。一定要搞明白 photo2 图层中是如何有 48 帧的，其中包含两个关键帧，一个是空白的关键帧（在第 1 帧处），另一个是有内容的关键帧（在第 24 帧处），如图 1-36 所示。

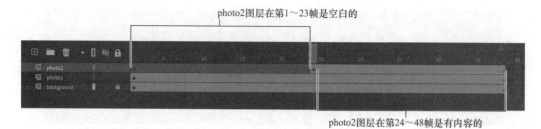

photo2图层在第1~23帧是空白的

photo2图层在第24~48帧是有内容的

图 1-36

1.5.5 移动关键帧

如果想让 photo2.jpg 图片早一点或晚一点出现在舞台上，就需要往前或往后移动关键帧。在 Animate 中移动关键帧很简单，直接把关键帧拖动到新位置即可。

❶ 选中 photo2 图层第 24 帧处的关键帧。

❷ 把选中的关键帧拖动到第 12 帧。拖动关键帧时，鼠标指针右下角会出现一个虚线方框，表示当前正在调整关键帧的位置，如图 1-37 所示。

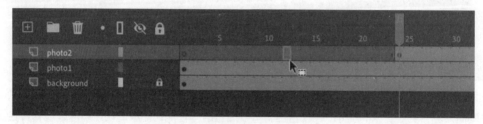

图 1-37

此时，播放动画时，photo2.jpg 图片会比之前早一点出现在舞台上，如图 1-38 所示。

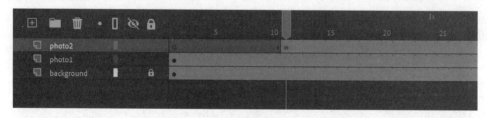

图 1-38

删除关键帧

删除关键帧时，请不要直接按 Delete 键或 Backspace 键，因为这样会把关键帧中的内容删除，而只剩下一个空白关键帧。正确的做法是：先选择关键帧，然后从菜单栏中依次选择【修改】>【时间轴】>【清除关键帧】（按 Shift+F6 组合键）。

1.6 在【时间轴】面板中组织图层

目前，动画项目中只包含 3 个图层：background 图层、photo1 图层、photo2 图层。下面将向动画项目中添加更多图层，当动画项目中图层的数目越来越多时，就需要组织这些图层。在计算机中我们会使用文件夹把相关文件组织在一起，同样，我们也可以使用文件夹把相关图层组织在一起，使图层有序且易于管理。虽然创建文件夹要花一点时间，但有了文件夹，查找图层的速度会更快，反而能节省不少时间。

1.6.1　创建图层文件夹

接下来，需要在动画项目中添加更多图层来加入更多图片。为了便于组织这些图层，我们会把它们放入一个文件夹中。

❶ 选择 photo2 图层，单击【时间轴】面板左上角的【新建图层】图标。

❷ 把新创建的图层名称修改为 photo3。

❸ 在第 24 帧处插入一个关键帧。

❹ 从【库】面板中把 photo3.jpg 图片拖到舞台上。

此时，动画项目中有了 4 个图层，最上面 3 个图层中包含的都是科尼岛的图片，但它们位于不同的关键帧上，如图 1-39 所示。

图 1-39

❺ 选择 photo3 图层，单击【时间轴】面板左上角的【新建文件夹】图标，如图 1-40 所示。

此时，photo3 图层上方会出现一个文件夹——文件夹 1。

❻ 把文件夹的名称修改为 photos，如图 1-41 所示。

图 1-40

图 1-41

1.6.2　把图层添加到文件夹中

接下来，要把 3 个图片图层添加到 photos 文件夹中。调整图层时，一定要注意图层的堆叠顺序，Animate 会根据图层在【时间轴】面板中的堆叠顺序来显示图层中的内容，上层图层中的内容在前面，下层图层中的内容在后面，而且上层图层中的内容会遮盖住下层图层中的内容。

❶ 把 photo1 图层拖入 photos 文件夹中。

拖动时会出现一根黑线，表示拖放的目的地，如图 1-42 所示。当把图层放入文件夹之中后，Animate 会把图层名称向右缩进。

❷ 使用同样的方法，把 photo2、photo3 两个图层拖入 photos 文件夹中。

此时，3 个图片图层都在 photos 文件夹中，而且堆叠顺序保持不变，如图 1-43 所示。

图 1-42

图 1-43

单击文件夹名称左侧的箭头（向下箭头），可把文件夹折叠起来。再次单击文件夹左侧的箭头（向右箭头），可把文件夹展开。请注意，当删除文件夹时，文件夹中的所有图层会被一起删除。

1.6.3 突出显示图层

在制作动画的过程中，有时需要把某个图层突出显示出来，表示这个图层中有重要内容。为此，Animate 提供了【突然显示图层】功能。

当把鼠标指针放到某个图层上时，该图层右侧会显示出一个带有颜色的小圆点，如图 1-44 所示，单击小圆点，即可把该图层突出显示出来。

当突出显示某个图层时，该图层下方会出现一条线，同时图层名称的背景也会被填充上相应的颜色（当前选中图层除外），填充的颜色与【将所有图层显示为轮廓】功能使用的颜色一样，如图 1-45 所示。

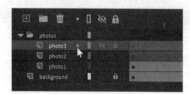

图 1-44

图 1-45

剪切、复制、粘贴、直接复制图层

在管理多个图层、图层文件夹时，可以使用剪切、复制、粘贴、直接复制命令来使相关操作更简单、更高效。使用复制与粘贴命令时，所选图层的所有属性都会被复制、粘贴，包括图层中的帧、关键帧、动画，以及图层名称与类型。此外，还可以复制与粘贴图层文件夹及其内容。

在剪切或复制一个图层或图层文件夹时，先选择图层，在图层名称上单击鼠标右键，然后从弹出的快捷菜单中选择【剪切图层】或【拷贝图层】，如图 1-46 所示。

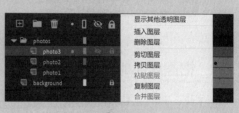

图 1-46

再次在某个图层名称上单击鼠标右键，从弹出的快捷菜单中选择【粘贴图层】，剪切或复制的图层就会出现在刚刚单击的图层的上方。选择弹出的快捷菜单中的【复制图层】可以一次性完成复制与粘贴图层两个操作。

此外，还可以使用菜单栏中的剪切、复制、粘贴、直接复制命令来完成相同的操作。从菜单栏中依次选择【编辑】>【时间轴】，再选择【剪切图层】【拷贝图层】【粘贴图层】【直接复制图层】即可进行相应的操作。

1.7 使用【属性】面板

制作动画时，在【属性】面板中可以快速找到那些经常需要调整的属性。选择的内容不同，【属性】面板中显示的内容也不同。例如，在未选择任何内容时，【属性】面板中显示的是 Animate 文档的相关属性，包括舞台颜色、文档大小等；若选择了舞台上的某个对象，则【属性】面板中显示的是这个对象的相关属性，包括位置、大小、填充颜色等属性；若选择的是时间轴上的某一帧，则【属性】面板中显示的是这个帧的相关属性，如标签、声音等。相关属性划分在同一个区域中，便于整体折叠或展开，如图 1-47 所示。

此外，还可以在【属性】面板中把选择的焦点从关键帧快速更改成舞台中的对象。例如，单击【属性】面板顶部的【对象】选项卡，面板中显示的内容就从关键帧的相关属性变成了舞台上所选对象的相关属性，如图 1-48 所示。

图 1-47

图 1-48

接下来在【属性】面板中移动舞台中的图片。

移动舞台中的对象

当前舞台中有一些图片，可以先使用【属性】面板来移动这些图片，然后使用【变形】面板来旋转图片。

💡 提示　若当前【属性】面板未打开，则可以从菜单栏中依次选择【窗口】>【属性】，或者直接按 Command+F3（macOS）/Ctrl+F3（Windows）组合键。

❶ 把播放滑块移动到时间轴的第 1 帧处，选择舞台中的 photo1.jpg 图片（位于 photo1 图层中），此时该图片周围出现细细的蓝色框线，表示其处于选中状态。

❷ 在【属性】面板中，在【对象】选项卡的【位置和大小】区域下，在【X】与【Y】中分别输入 50，如图 1-49 所示，按 Return 键（macOS）或 Enter 键（Windows），使修改生效。此外，还可以把鼠标指针放在数值上，通过拖动数值的方式来更改【X】与【Y】的值。此时，photo1.jpg 图片移动到了舞台的左侧。

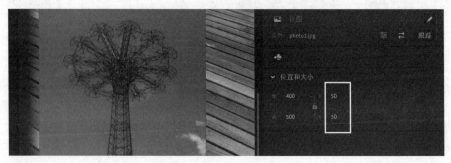

图 1-49

舞台的左上角是坐标原点（0，0），沿水平方向向右，【X】的值为正值；沿垂直方向向下，【Y】的值为正值。所导入的图片的参考点（Animate 的测量起点）是舞台的左上角的坐标原点。

❸ 从菜单栏中依次选择【窗口】>【变形】，打开【变形】面板。在【属性】面板右侧的图标栏中单击【变形】图标，也可以打开【变形】面板。

❹ 在【变形】面板中选择【旋转】，设置旋转角度为 -12°，拖动角度值可直接修改旋转角度，按 Return 键（macOS）或 Enter 键（Windows），使修改生效。

此时，舞台上被选中的图片沿逆时针方向旋转了 12°，如图 1-50 所示。

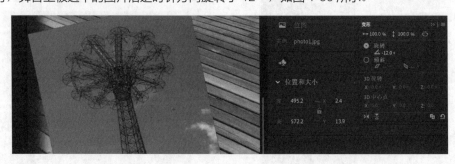

图 1-50

❺ 选择 photo2 图层的第 12 帧。单击舞台中的 photo2.jpg 图片，将其选中。

❻ 使用【属性】面板和【变形】面板，把第二张图片的位置和旋转角度调整一下（x=200、y=40、旋转角度为 6°），使其与第一张图片有明显的区别，如图 1-51 所示。

❼ 选择 photo3 图层的第 24 帧。单击舞台中的 photo3.jpg 图片，将其选中。

❽ 使用【属性】面板和【变形】面板，把第三张图片的位置和旋转角度调整一下（x=200、y=65、旋转角度为 -2°），使其与另外两张图片区分开，如图 1-52 所示。

图 1-51

图 1-52

💡注意 在 Animate 中缩放或旋转图片时，图片可能会出现锯齿。此时，双击位图图标或者【库】面板中的缩览图，打开【位图属性】对话框，勾选【允许平滑】，可在一定程度上消除锯齿。

使用面板

在 Animate 中，几乎所有的操作都会涉及面板。本课用到的面板有【库】面板、【工具】面板、【属性】面板、【变形】面板、【历史】面板和【时间轴】面板。在后续课程中，我们还会使用其他面板来制作项目。在 Animate 中，面板是工作区不可分割的一部分，了解各个面板是非常有必要的。

在 Animate 中，在【窗口】菜单中选择面板名称，可以打开相应的面板，如图 1-53 所示。

在 Animate 中，各个面板可以自由浮动，也可以以停靠栏、面板组或堆叠面板组的形式存在。

• 停靠栏由一系列面板或面板组竖向排列组成，它位于软件界面最左侧或最右侧。

• 面板组是可以放置在停靠区域自由浮动的面板集合。

• 堆叠面板组类似于停靠栏，它可以放置在软件界面的任意位置。

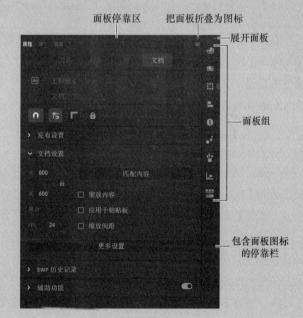

图 1-53

在【基本功能】工作区中，大多数面板位于屏幕右侧的停靠栏中。【时间轴】面板与【输出】面板在同一个面板组中，位于软件界面的底部。事实上，可以把一个面板轻松地移动到指定的任意位置。

- 拖动面板选项卡，可以把面板移动到新位置。
- 拖动选项卡附近的空白区域，可以移动面板组或停靠栏。

当拖动一个面板、面板组、堆叠面板经过其他面板、面板组、停靠栏或堆叠面板组时，会出现一个蓝色高亮显示的投放区域，此时释放鼠标左键，拖动的面板就会被添加到那个面板、面板组、停靠栏或堆叠面板组中。

- 拖动一个面板选项卡，将其拖动到位于软件界面左侧或右侧的新位置上，即可进行面板停靠。把一个面板拖动到某个停靠栏的顶部或底部时，会出现一个水平投放区域，这就是面板的新位置。若出现的是垂直投放区域，则在投放面板后会产生一个新的停靠栏。
- 拖动某个面板选项卡，将其拖动到另外一个面板的选项卡或现有面板组顶部的投放区域上，即可把面板放入相应的面板组中。
- 把一个面板组从一个停靠栏或堆叠面板组中拖出来，可以使其自由浮动，成为堆叠面板组。

还可以把大多数面板折叠为图标，这样不仅可以节省空间，而且还能快速访问到它们。单击停靠栏或堆叠面板组右上角的双箭头图标，可以把面板折叠为图标。再次单击双箭头图标，可以展开面板。

1.8　使用【工具】面板

在【基本功能】工作区下，【工具】面板位于软件界面最左侧，包含选择工具、绘图工具、文字工具、绘画与编辑工具、导航工具与工具选项等。在制作动画的过程中，会根据需要不断在【工具】面板中切换各种工具。在众多工具中，最常用的是【选择工具】，它位于【工具】面板的顶部，用来选择舞台或时间轴中的对象。

1.8.1　选择与使用工具

当选择了某个工具后，位于【工具】面板底部的可用选项和【属性】面板中的内容会发生相应变化。例如，选择【矩形工具】后，【工具】面板底部会出现【对象绘制模式】选项；选择【缩放工具】后，会出现【放大】【缩小】选项。

【工具】面板中包含很多工具，这些工具无法同时显示出来。有些工具属于同一个工具组，因此【工具】面板中只显示最近使用过的工具，其他工具都隐藏在这个工具之下。若某个工具的右下角有一个三角形图标，则表示这是一个工具组，在这个工具之下还有其他工具。把鼠标指针移动到这个工具上，按住鼠标左键，可打开一个工具列表，里面包含该工具组的所有工具，单击某个工具，即可选择该工具。

1.8.2　自定义【工具】面板

在 Animate 中可以自定义【工具】面板，使其中只显示那些最常用的工具。此外，还可以根据自己的喜好来安排【工具】面板中的工具。

❶ 在【工具】面板底部单击【编辑工具栏】图标，如图 1-54 所示。

❷ 在打开的【拖放工具】面板中，可以看到其他可用工具。找到想用的工具，然后将其拖动到【工具】面板中即可。

> 💡注意 在【拖放工具】面板中单击某个工具，并不能将其添加到【工具】面板中。如果想把某个工具添加到【工具】面板中，则必须把它从【拖放工具】面板拖动到【工具】面板中才行。添加好工具之后，就可以像使用其他工具一样正常使用它了。

此外，还可以向【工具】面板中添加间隔条，创建工具组，然后把它从【工具】面板中分离出去，使其成为浮动工具组，如图 1-55 所示。

❸ 单击【拖放工具】面板右上角的按钮，从弹出的菜单中选择【重置】，可将面板恢复成默认状态，选择工具图标的一种布局方式（【舒适】或【紧凑】）可调整其显示效果，选择【关闭】可以把【拖放工具】面板关闭，如图 1-56 所示。

图 1-54

间隔条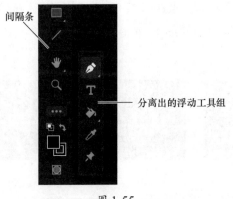

分离出的浮动工具组

图 1-55

图 1-56

> 💡注意 如果你用的是小屏显示器，则【工具】面板底部可能会被裁掉，这样有些工具和按钮就没有显示出来。有一个简单的办法可以解决这个问题：拖动【工具】面板的右边缘，把面板加宽，这样可以显示出多列工具。

1.8.3 添加图形

下面使用【多角星形工具】在动画中添加一些装饰。

❶ 在【时间轴】面板中选择文件夹，然后单击【新建图层】图标（加号）。

❷ 把新创建的图层命名为 stars。

❸ 锁定 stars 图层之下的其他图层，防止误编辑。

❹ 在【时间轴】面板中，把播放滑块移动到第 36 帧处，在 stars 图层中选择第 36 帧。

❺ 在【时间轴】面板顶部，单击【插入关键帧】图标，或者从菜单栏中依次选择【插入】>【时间轴】>【关键帧】（按 F6 键），在 stars 图层的第 36 帧处插入一个关键帧，如图 1-57 所示。

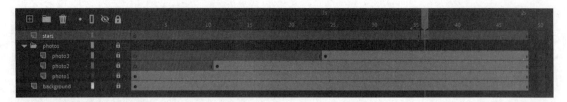

图 1-57

接下来在 stars 图层的第 36 帧中创建星形。

⑥ 在【工具】面板中选择【多角星形工具】，该工具隐藏在【矩形工具】之下，如图 1-58 所示。

⑦ 在【属性】面板中单击【笔触】左侧的颜色框，在色板中选择红色对角线，取消轮廓线的颜色。

红色对角线表示没有描边颜色。

⑧ 单击【填充】左侧的颜色框，在色板中选择一种较亮的颜色（如黄色），填充形状内部，如图 1-59 所示。单击色板右上角的色轮，从【颜色选择器】中选择一种颜色。还可以在色板右上角修改 Alpha 值，指定不透明度。

⑨ 在【属性】面板的【工具选项】区域下，从【样式】下拉列表中选择【星形】，如图 1-60 所示。在【边数】中输入 5，在【星形顶点大小】中输入 0.5，创建星形。

图 1-58

图 1-59

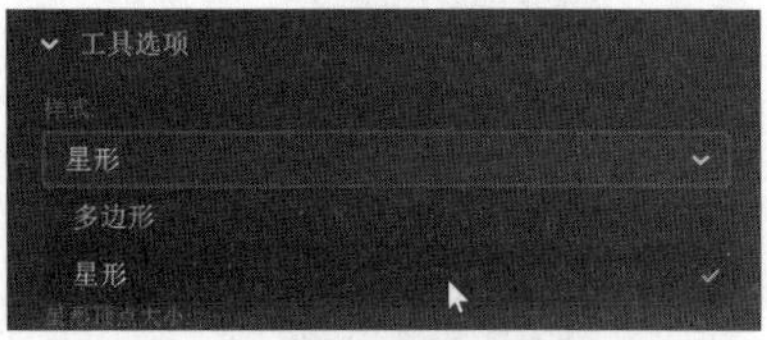

图 1-60

⑩ 选中 stars 图层第 36 帧中的空白关键帧，在舞台中的适当位置拖动绘制出一个五角星。绘制时，按住鼠标左键向外拖动可放大五角星，向内拖动可缩小五角星，绕着中心转动可旋转五角星。使用同样的方法，绘制出几个大小不同、旋转角度不一样的五角星，如图 1-61 所示。

⑪ 在【工具】面板中选择【选择工具】，取消选择【多角星形工具】。

⑫ 使用【属性】面板或【变形】面板，调整舞台中选中的五角星的位置或旋转角度，或者使用【选择工具】把舞台中的五角星拖动到新位置。当在舞台中拖动五角星时，【属性】面板中【X】值与【Y】的值会相应发生变化。

图 1-61

1.9 添加图层效果

可以向某个图层中的对象添加有趣的视觉效果，以改变对象的外观。图层效果包括色彩效果、滤镜，选中一个关键帧后，就可以在【属性】面板中使用它们了。

【色彩效果】区域下的【颜色样式】下拉列表中有【亮度】【色调】【Alpha】【高级】等选项。其中，【亮度】控制着图层的相对暗度与明亮度，【色调】控制着向图层中添加多少颜色，【Alpha】控制着图层的不透明度，【高级】用于同时控制图层的亮度、色调、Alpha 值。

滤镜是一些特殊效果，它们通过一些独特的方式来改变对象的外观，例如添加投影、模糊等。

向关键帧添加图层效果

图层效果是应用在关键帧上的。也就是说，可以向一个包含多个关键帧的图层应用不同的图层效果，只要把这些图层效果应用到不同的关键帧上即可。下面将向图层中的不同关键帧分别应用滤镜和色彩效果，增加空间感，让图片更加醒目、突出。

❶ 沿着时间轴移动播放滑块，将其移动到第 12 帧处，按住 Shift 键分别单击 photo1 图层、background 图层的第 12 帧，把它们同时选中。播放动画时，photo2 图层中的内容从第 12 帧开始出现。

❷ 在时间轴上方单击【插入关键帧】图标（按 F6 键），分别向 photo1、background 两个图层的第 12 帧添加一个关键帧，如图 1-62 所示。

❸ 在两个关键帧仍处于选中的状态下，在【属性】面板中单击【添加滤镜】按钮，从弹出的菜单中选择【模糊】，向两个关键帧添加模糊滤镜，如图 1-63 所示。

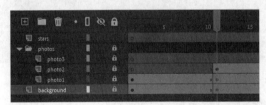

图 1-62

图 1-63

❹ 在【模糊】区域下，把【模糊 X】与【模糊 Y】都设置为 8 像素。

此时，background.png 图片和第一张图片都变模糊了，这会对 photo2 图层中新出现的图片起到很好的强调作用，如图 1-64 所示。

在时间轴中，关键帧变成了白色。

❺ 选中 photo2 图层中的第 24 帧，此时，photo3 图层中的内容开始出现。

❻ 在时间轴上方单击【插入关键帧】图标（按 F6 键）。在这个关键帧中添加一个滤镜，用来改变图层此时的效果，如图 1-65 所示。

❼ 在【属性】面板中单击【添加滤镜】按钮，从弹出的菜单中选择【模糊】，在【模糊】区域下把【模糊 X】与【模糊 Y】都设置为 8 像素。

图 1-64

图 1-65

　　此时，photo2 图层中的图片变模糊了，这
有助于把观众的视线引导至 photo3 图层中的图
片上，如图 1-66 所示。

　　⑧ 选择 photo1、photo2、photo3，以及
background 图层中的第 36 帧，分别插入一个关
键帧（按 F6 键），如图 1-67 所示。

　　⑨ 在【属性】面板的【色彩效果】区域下，
从【颜色样式】下拉列表中选择【亮度】，拖动
滑块，把亮度值设置为 -30%。

　　此时，所选图层变暗了一些，使 stars 图层
中的黄色星星显得更明亮，如图 1-68 所示。

图 1-66

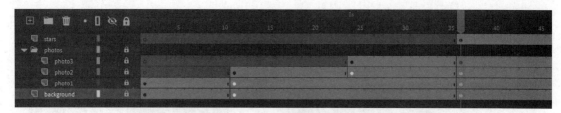

图 1-67

图 1-68

💡**注意**　此外，还可以向舞台中的单个元件实例应用色彩效果和滤镜，这些内容将在后面讲解。

1.10 撤销操作

在 Animate 中制作动画时,如果某些操作达不到预期,我们希望撤销这些操作,可能撤销一两步,也可能撤销全部从头再来。在 Animate 中,可以使用撤销命令或者【历史记录】面板来撤销某些操作。

在 Animate 中,从菜单栏中依次选择【编辑】>【撤销×××】(其中,×××是某一步操作),或者按 Command+Z(macOS)/Ctrl+Z(Windows)组合键,可撤销最近一步操作。从菜单栏中依次选择【编辑】>【重复×××】,可重执行撤销的那一步操作。

如果想撤销多步操作,最好的办法是使用【历史记录】面板。【历史记录】面板中记录着最近执行的 100 步操作。当关闭一个文档时,【历史记录】面板中的所有操作记录都会被清空。从菜单栏中依次选择【窗口】>【历史记录】,可打开【历史记录】面板。

例如,如果对刚刚添加的星星不满意,就可以使用上面的方法撤销操作,把 Animate 文档恢复到之前的状态。

> ♀ 注意 从【历史记录】面板中删除一些操作,执行新的操作后,这些被删除的操作将无法恢复。

❶ 从菜单栏中依次选择【编辑】>【撤销×××】(其中×××是最近一步操作),可撤销最近一步操作。多次选择【编辑】>【撤销×××】,可撤销多步操作。从菜单栏中依次选择【Animate】>【首选参数】(macOS)或者【编辑】>【首选参数】(Windows),在【首选参数】对话框中,可修改撤销命令的最大撤销层级。

❷ 从菜单栏中依次选择【窗口】>【历史记录】,打开【历史记录】面板。

❸ 在【历史记录】面板中,向上拖动左侧的滑块,将其移动到错误操作之前的那一步。此时,滑块所指步骤之下的所有步骤都变成灰色,如图 1-69 所示,并从项目中移除。要想找回某个步骤,向下拖动滑块即可。

❹ 在【历史记录】面板中,把滑块恢复到原来的位置上,即面板中的最后一步。

图 1-69

1.11 预览动画

在制作动画的过程中,我们要不断预览动画,检查它是否达到预期的效果。

测试动画

从菜单栏中依次选择【控制】>【播放】,或者直接按 Return 键(macOS)/Enter 键(Windows),可播放动画。

若想看一看动画或影片最终呈现给观众的样子,则可以单击工作区右上角的【测试影片】按钮,或者从菜单栏中依次选择【控制】>【测试】,或者按 Command+Return(macOS)/Ctrl+Enter(Windows)

组合键。

❶ 从菜单栏中依次选择【控制】>【测试】，或者单击工作区右上角的【测试影片】按钮。

Animate 会在一个新窗口中打开并播放动画，如图 1-70 所示。

图 1-70

Animate 会在新窗口中自动循环播放动画。

❷ 关闭播放窗口。

1.12　修改舞台的尺寸

有时候，我们可能需要更改舞台的尺寸。例如，客户可能会告诉你，他们需要不同尺寸的动画，以便把它们投放到不同的媒体平台上；客户可能会把动画以横幅广告的形式嵌入网页中，这时他们就需要一个小尺寸动画。如果动画是用在移动设备上播放的，那么就需要根据目标播放设备的尺寸来调整尺寸。

在 Animate 中，即使舞台中的所有内容都制作好了，我们仍然可以灵活地调整舞台的尺寸。Animate 提供了随舞台尺寸变化而缩放其中内容的选项，即当改变舞台尺寸时，其中所有内容会自动等比例地缩小或放大。

修改舞台尺寸和缩放内容

下面修改舞台尺寸，制作另外一个版本的动画。从菜单栏中依次选择【文件】>【保存】，保存当前项目。

❶ 在【属性】面板的【文档设置】区域下，可以看到当前舞台的尺寸是800像素×600像素。单击【更多设置】按钮，打开【文档设置】对话框，如图 1-71 所示。

❷ 在【宽】与【高】中，分别输入 400、300。

【宽】与【高】之间有一个锁链图标，单击它，可以锁定舞台的宽高比。锁定宽高比之后，修改【宽】与【高】之中任意一个的值，另外一个的值会发生相应的变化，以确保它们之间的比例始终保持不变。

❸ 勾选【缩放内容】，保持【锚记】的设置不变，如图 1-72 所示。

如果新舞台的比例变了，则可以在【锚记】中指定调整内容尺寸时的参考点（即原点）。

图 1-71

图 1-72

④ 单击【确定】按钮。

此时，Animate 会调整舞台的尺寸，同时自动调整舞台中所有内容的尺寸。若新尺寸的比例与原始尺寸的比例不一样，则 Animate 会自动调整尺寸，确保内容尺寸最大。也就是说，如果新舞台比原舞台宽，那么新舞台右侧就会多出一些空间；类似地，如果新舞台比原舞台高，那么新舞台底部就会多出一些空间。

⑤ 在菜单栏中依次选择【文件】>【另存为】。

⑥ 在【另存为】对话框中，从【保存类型】下拉列表中选择【Animate 文档 (*.fla)】，在【文件名】中输入 01_workingcopy_resized.fla，单击【保存】按钮。

现在有了两个 Animate 文件，它们的内容一样，但是舞台尺寸不同。关闭 01_workingcopy_resized.fla 文件，打开 01_workingcopy.fla 文件，继续学习下面的内容。

1.13　保存动画

多媒体制作行业有句口头禅"早保存，常保存"。软件、操作系统、硬件有时会发生崩溃，而且常常让人猝不及防。为了应对这些意外情况，我们应该养成"早保存，常保存"的习惯，这样即便发生了崩溃的情况，也不会因此造成太大的损失。

Animate 提供了【自动恢复】功能，使用该功能时，系统会创建一个备份文件，以应对可能会发生的崩溃问题。

> ♀ 注意　若当前文档未保存，则文档名称（位于文档窗口顶部）的右上角会出现一个星号。

使用【自动恢复】功能创建备份

要使用【自动恢复】功能，需要在【首选参数】对话框中进行设置，它对所有 Animate 文档生效。使用【自动恢复】功能时，系统会创建一个备份文件，发生崩溃后，可以把文档恢复到备份文件保存的状态。

❶ 从菜单栏中依次选择【Animate】>【首选参数】>【编辑首选参数】（macOS），或者选择【编辑】>【首选参数】>【编辑首选参数】（Windows）打开【首选参数】对话框。

❷ 在左侧单击【常规】选项卡。

❸ 勾选【自动恢复】，设置间隔时间（单位为分钟），Animate 会以这个间隔时间创建备份文件，如图 1-73 所示。

❹ 单击【确定】按钮。

图 1-73

如果改动了文件，但是没有在自动恢复间隔时间内进行保存，那么 Animate 会在同一个文件夹下新建一个文件，并在原始文件名之前添上"恢复_"作为新文件的名称。只要项目文件处于打开状态，这个备份文件就会一直存在。当关闭项目文件，或者安全退出 Animate 时，这个备份文件才会被删除。

1.14 复习题

❶ 什么是舞台?

❷ 帧与关键帧有什么区别?

❸ 如何访问隐藏的工具?

❹ 请列出两种撤销操作的方法并加以说明。

❺ 哪种文档类型适合用来在浏览器中播放动画?

❻ 什么是图层效果? 如何添加图层效果?

1.15 答案

❶ 舞台是观众观看影片时看到的一个矩形区域,其中包含可在屏幕中显示的文本、图像、视频等,放置在舞台外面粘贴板上的对象不会出现在影片中。

❷ 帧用来在时间轴上度量时间。关键帧在时间轴上带有一个圆,它代表舞台中内容的变化。

❸ 【工具】面板中包含许多工具,这些工具无法同时在【工具】面板中显示出来,于是开发人员就把功能类似的工具编组在一起,同一个工具组中只有一个工具会显示在【工具】面板中。在【工具】面板中,若某个工具图标的右下角有一个三角形图标,则表示它是一个工具组,其下存在隐藏的工具。把鼠标指针移动到工具图标上,按住鼠标左键,然后从弹出的工具列表中选择某个隐藏的工具即可。另外,还有一些工具位于【拖放工具】面板(位于【工具】面板底部)中,把其中的某个工具拖动到【工具】面板中,即可正常使用该工具。

❹ 在 Animate 中,可以使用撤销命令或【历史记录】面板撤销之前的操作。使用【编辑】>【撤销】命令,可以撤销上一步操作。若想同时撤销多步操作,则可以在【历史记录】面板中向上拖动滑块。

❺ HTML5 Canvas 文档类型常用于在浏览器中播放动画和交互内容。HTML5 Canvas 会导出HTML、JavaScript,以及在浏览器中播放动画必需的资源。

❻ 图层效果是指滤镜和色彩效果,可以把图层效果添加到一个关键帧上,以改变关键帧内容的外观。添加图层效果时,需要先选择一个关键帧,然后从【属性】面板的【色彩效果】或【滤镜】区域中选择一种效果或滤镜。

第2课

创建图形和文本

课程概览

本课主要讲解以下内容。

- 绘制形状
- 修改所绘对象的形状、颜色和尺寸
- 填充与描边
- 创建、编辑曲线与可变宽度线条
- 应用渐变填充与设置透明度数值
- 使用不同画笔

- 创建与编辑文本，使用网络字体
- 在舞台中对齐与分布对象
- 创建与编辑元件
- 元件和实例
- 向实例应用滤镜

学习本课至少需要 **3** 小时

　　在 Animate 中，可以使用矩形、椭圆、线条、自定义画笔轻松创建出有趣、复杂的图形，并把它们保存为元件，放入【库】面板中共享。此外，还可以结合渐变填充、透明度、文本、滤镜实现更具表现力的效果。

2.1 课前准备

先看一下最终成品，了解一下本课我们要做什么。

❶ 进入 Lessons/02/02End 文件夹，双击 02End.html 文件，在浏览器中观看最终成品，如图 2-1 所示。

这是一个简单的静态插画，内容是大海中的一只章鱼。在本课中，我们学习如何绘制形状、修改形状，以及如何组合简单元素来创建复杂的对象。此外，我们还要学习如何创建与修改图形，这是学习使用 Animate 制作动画之前很重要的一步。

❷ 启动 Animate，在【主页】界面中，选择【更多预设】或者单击【新建】按钮，打开【新建文档】对话框。

❸ 从对话框顶部的类别中，选择【高级】。

图 2-1

在【平台】下选择【HTML5 Canvas】；在【详细信息】区域中，把舞台的【宽】【高】分别设置为 1200 像素、800 像素，单击【创建】按钮，如图 2-2 所示。

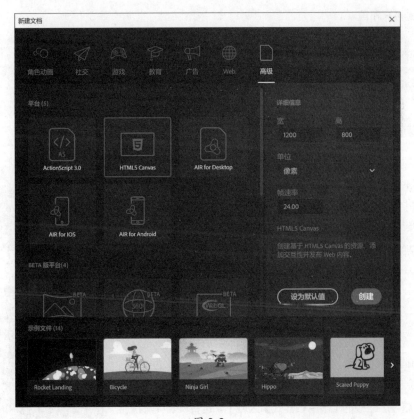

图 2-2

④ 从菜单栏中依次选择【文件】>【保存】，在【另存为】对话框中，转到 Lessons/02/ 02Start 文件夹下，输入文件名 02_workingcopy.fla，单击【保存】按钮。不管有没有开启【自动恢复】功能，我们都要养成随时保存文件的好习惯，这可以保证当程序或计算机崩溃时不会造成太大损失。

2.2　认识描边与填充

在 Animate 中，每个图形都是基于形状创建的。一个形状包含两部分：填充（形状内部）与描边（形状轮廓）。

填充与描边是相互独立的，可以单独修改或删除其中一个，而不会影响到另外一个。例如，创建了一个带有蓝色填充与红色描边的矩形，然后把填充颜色修改成紫色，删除红色描边，此时会得到一个无描边的紫色矩形。此外，还可以分别移动填充与描边。移动整个形状时，一定要确保同时选中了形状的填充和描边。

2.3　创建形状

Animate 提供了几种绘图工具，它们工作在不同的绘图模式下。不管多么复杂的作品，它们都是从基本形状（如矩形、椭圆）一点点创建出来的。因此，掌握绘制形状、更改形状外观、应用填充与描边等操作是十分重要的。

下面绘制一只章鱼。

> 💡注意　在 Animate、HTML 文档，以及网页设计与开发中，颜色一般是用十六进制值指定的，使用一个以"#"打头的 6 位十六进制数表示一种颜色，"#"后的 6 位数分为 3 组，每组 2 位数，依次表示红色、绿色、蓝色 3 种颜色的强度。

2.3.1　绘制椭圆

章鱼的眼睛是由多个椭圆相互叠加而成的。为了在眼睛上表现出愤怒的情绪，我们使用一条斜线来斜切椭圆。我们从绘制基本椭圆开始来绘制章鱼的眼睛。在绘制复杂对象时，一般先把复杂对象分解成若干个容易绘制的基本图形，然后通过编辑、组合这些基本图形得到复杂的对象。

图 2-3

❶ 在【时间轴】面板中，把【图层 _1】图层重命名为 octopus，如图 2-3 所示。

❷ 在【工具】面板中选择【椭圆工具】，该工具隐藏在【矩形工具】之下，在【矩形工具】图标上按住鼠标左键，即可访问到其下的【椭圆工具】，如图 2-4 所示。在【工具】面板底部或【属性】面板中，确保【对象绘制模式】处于非选中状态。

❸ 在【属性】面板的【颜色和样式】区域下，选择一种笔触（描边）颜色（#000000，黑色）和填充颜色（#CCCCCC，浅灰色），

图 2-4

如图 2-5 所示。

④ 在舞台中绘制一个高度大于宽度的椭圆，如图 2-6
所示。

⑤ 在【工具】面板中选择【选择工具】。

图 2-5

⑥ 按住鼠标左键，从椭圆的左上方向右下方拖动，框
选整个椭圆，同时选中椭圆的描边和填充。当一个形状处于选中状态时，形状会以白点显示，如图 2-7
所示。此外，双击形状也可以把整个形状选中，包括形状的描边和填充。

⑦ 在【属性】面板的【位置和大小】区域下，设置【宽】为 60 像素、【高】为 100 像素，按
Return 键（macOS）或 Enter 键（Windows），使修改生效，如图 2-8 所示。

图 2-6

图 2-7

图 2-8

2.3.2 添加瞳孔与高光

接下来添加瞳孔和高光。

① 在【工具】面板中选择【椭圆工具】。

② 在【属性】面板的【颜色和样式】区域下，选择一种笔触（描边）颜色（#000000，黑色）
和填充颜色（#000000，黑色）。

> 💡 注意　绘制某个形状时，若不修改绘制工具的填充和描边，则 Animate 会自动把上一次用过的填充与
> 描边应用到新绘制的形状上。

③ 在舞台上，在大椭圆中绘制一个黑色的小椭圆，如图 2-9
所示。

④ 把【椭圆工具】的填充颜色修改为白色（#FFFFFF）。

⑤ 在黑色小椭圆上绘制一个白色的小椭圆，充当眼睛的高
光，如图 2-10 所示。

图 2-9

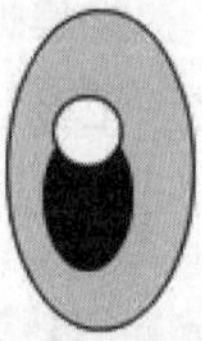

图 2-10

> 💡 注意　绘制形状时按住 Shift 键，会绘制出一个标准形状（如正圆、正方形）。例如，使用【椭圆工具】
> 绘制时按住 Shift 键，会绘制出一个圆形；使用【矩形工具】绘制时按住 Shift 键，会绘制出一个正方形。

绘制模式

Animate 提供了 3 种绘制模式，这些绘制模式控制着舞台中对象之间的交互方式，以及对象
的编辑方式。在默认设置下，Animate 会使用合并绘制模式，但也可以启用对象绘制模式，或者
使用【基本矩形工具】或【基本椭圆工具】启用图元对象绘制模式。

合并绘制模式（见图 2-11）。

在合并绘制模式下，Animate 会把绘制好的形状（如矩形与椭圆）的重叠部分合并在一起，这样一来，这多个形状看起来就是一个形状。当移动或删除一个与其他形状合并在一起的形状时，重叠部分将会被永久删除。

对象绘制模式（见图 2-12）。

图 2-11   图 2-12

在对象绘制模式下，不管绘制的形状之间有无重叠部分，Animate 都不会合并它们，而且各个形状是相互独立的。选择要使用的绘图工具，然后单击【工具】面板底部的【对象绘制模式】按钮，即可进入对象绘制模式。

选择一个对象，然后从菜单栏中依次选择【修改】>【分离】[按 Command+B（macOS）/Ctrl+B（Windows）组合键]，可把对象转换为形状；选择一个形状，然后从菜单栏中依次选择【修改】>【合并对象】>【联合】，可把一个形状转换为对象（对象绘制模式）。在把一个形状转换成对象之后，对象无法恢复成其原来绘制时的样子。

图元对象绘制模式（见图 2-13）。

使用【基本矩形工具】或【基本椭圆工具】绘制矩形或椭圆时，Animate 会把形状作为单独的对象，它们拥有一些可编辑属性。这些形状与普通形状不同，我们可以在【属性】面板中修改矩形的圆角半径、起始角度、结束角度，以及椭圆的内径。

图 2-13

2.4 选择对象

如果想修改对象，则必须先掌握选择对象的方法。在 Animate 中，可以使用【选择工具】【部分选取工具】【套索工具】来选择对象。使用【选择工具】可选择整个对象或对象的一部分，使用【部分选取工具】可选择对象上特定的点或线，使用【套索工具】可选择任意形状。

选择描边和填充

下面调整一下椭圆，进一步增强眼睛的真实感。在这个过程中，我们会使用【选择工具】删除不需要的笔触（描边）和填充。

❶ 在【工具】面板中选择【选择工具】。

❷ 双击白色椭圆的描边，同时选中白色椭圆和黑色椭圆的描边，如图 2-14 所示。

❸ 按 Delete 键（macOS）或 Backspace 键（Windows）。删除黑白两个椭圆的轮廓线，如图 2-15 所示。

❹ 在【工具】面板中选择【线条工具】，在【属性】面板中把【笔触】颜色设置为黑色（#000000）。

❺ 在眼睛的上半部分画一条斜线，如图 2-16 所示。

斜线把眼睛分割成几个部分，我们可以分别选中它们。

图 2-14

图 2-15

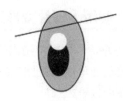
图 2-16

⑥ 在【工具】面板中选择【选择工具】，单击眼睛被斜线分割所得到的上半部分，如图 2-17 所示。

⑦ 按 Delete 键（macOS）或 Backspace 键（Windows）。删除灰色填充区域，如图 2-18 所示。

⑧ 选择大椭圆位于斜线之上的轮廓（黑色上弧线），将其删除。

至此，一只眼睛就制作完成了，如图 2-19 所示。

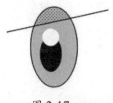
图 2-17

图 2-18

图 2-19

2.5 编辑形状

在 Animate 中创建图形时，一般是先创建最简单的基本形状（如矩形、椭圆、线条），然后使用工具修改这些基本形状，最终创建出复杂的图形。在这个过程中，使用复制/粘贴命令、【任意变形工具】及【选择工具】能够大大提高工作效率。

2.5.1 使用复制/粘贴命令

在 Animate 中，使用复制/粘贴命令可以轻松地复制舞台中的形状。在示例中，章鱼有两只眼睛，当前已经制作好了一只眼睛，我们可以使用复制/粘贴命令得到另外一只眼睛。

❶ 在【工具】面板中选择【选择工具】，按住鼠标左键，拖动鼠标，框选整只眼睛。

❷ 从菜单栏中依次选择【编辑】>【复制】［按 Command+C（macOS）/Ctrl+C（Windows）组合键］，复制眼睛。

❸ 从菜单栏中依次选择【编辑】>【粘贴】［按 Command+V（macOS）/Ctrl+V（Windows）组合键］。

此时，另一只眼睛出现在舞台中，并处于选中状态，如图 2-20 所示。

图 2-20

💡 提示　使用【编辑】>【粘贴到当前位置】命令，可以把复制得到的眼睛副本粘贴到原来的位置。

❹ 把复制得到的眼睛移动到原来眼睛的左侧。

2.5.2 使用【任意变形工具】

接下来，需要把复制出的眼睛水平翻转一下，使其作为章鱼的右眼；然后选择【任意变形工具】，拖动变形控制框上的变形控制点来改变眼睛的大小、旋转角度、倾斜角度，并根据表现的需要做一点扭曲效果。

❶ 从菜单栏中依次选择【修改】>【变形】>【水平翻转】。

此时，选中的眼睛就被水平翻转了，现在章鱼就有了左右两只眼睛，如图 2-21 所示。

❷ 从【工具】面板中选择【任意变形工具】。

此时，在章鱼的右眼上出现了变形控制框，上面有多个变形控制点，如图 2-22 所示。

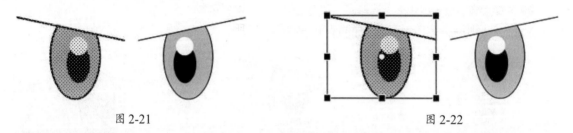

图 2-21   图 2-22

> 💡提示　在默认设置下，变形中心点（白色圆点）位于变形控制框的中心。拖动变形控制点时，变形会围绕着变形中心点进行。可以根据需要把变形中心点移动到任何地方，甚至形状的外部。拖动变形控制点，同时按住 Option 键（macOS）或 Alt 键（Windows），Animate 会基于相对另一侧的变形控制点（固定）进行缩放变形。变形时，按住 Shift 键，可以保证变形按比例进行；按住 Command 键（macOS）或 Ctrl 键（Windows），可基于多个变形控制点（固定）进行自由变形。

❸ 把鼠标指针移动到一个角控制点（变形控制点）上，按住鼠标左键，向内拖动，使章鱼的右眼变小一些。拖动时按住 Shift 键，以保证眼睛等比例缩小，如图 2-23 所示。

❹ 对章鱼的右眼做一点有趣的变形。变形时，可以拖动一个角控制点对章鱼的右眼进行挤压、拉伸或者旋转。此外，还可以拖动变形控制框的一条边对眼睛进行倾斜，如图 2-24 所示。

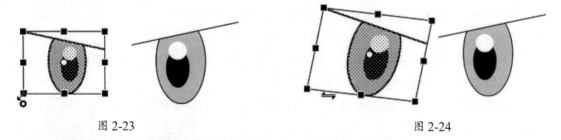

图 2-23   图 2-24

> 💡提示　按住 Command 键（macOS）或 Ctrl 键（Windows），可以拖动单个变形控制点，对章鱼的眼睛进行变形。拖动变形控制框上的一个角控制点时按住 Shift+Command（macOS）或 Shift+Ctrl（Windows）组合键，可同时等距移动两个角。

2.5.3 更改形状轮廓

在 Animate 中，可以使用【选择工具】随意推拉形状的线条与边角，以改变形状的整体外形。无论什么形状，都可以使用这种快速、直观的方法进行处理。下面将使用这种方法制作章鱼的身体。

❶ 在【工具】面板中选择【椭圆工具】。在【属性】面板的【颜色和样式】区域下，选择一种紫色作为填充颜色，把笔触颜色设置为无。

❷ 在眼睛的右侧绘制一个大椭圆，如图 2-25 所示。

❸ 在【工具】面板中选择【选择工具】。

❹ 单击舞台中的空白区域，取消选择椭圆。

❺ 移动鼠标指针，使其靠近椭圆边缘。

图 2-25

当鼠标指针靠近椭圆边缘时，鼠标指针的右下角会出现一条弧线，此时按住鼠标左键并拖动，即可改变该边缘附近的形状，如图 2-26 所示。

❻ 移动鼠标指针，使其靠近椭圆右上方的边缘，当鼠标指针右下角出现弧线时，按住鼠标左键，向外拖动，使椭圆向外弯曲，充当章鱼的头部，如图 2-27 所示。

❼ 使用【选择工具】拖动椭圆左上方的边缘，创建出章鱼的头部，如图 2-28 所示。

图 2-26

图 2-27

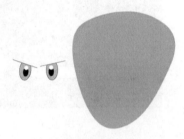

图 2-28

💡 提示　拖动形状边缘时按住 Option 键（macOS）或 Alt 键（Windows），会添加一个新的角点。

2.5.4　更改笔触与填充

当想更改笔触（描边）或填充颜色时，可以使用【工具】面板中的【墨水瓶工具】或【颜料桶工具】。其中，【墨水瓶工具】用来更改笔触颜色，【颜料桶工具】用来更改填充颜色，如图 2-29 所示。

图 2-29

· 选择【颜料桶工具】，在【属性】面板中选择一种填充颜色，单击填充区域，更改填充颜色。

· 选择【墨水瓶工具】（隐藏在【颜料桶工具】之下），在【属性】面板中选择一种笔触颜色。此外，还可以设置笔触大小与样式。

· 还可以在舞台中单击某个笔触或填充，然后在【属性】面板中修改其属性。

💡 提示　使用【颜料桶工具】时，目标区域周围的填充颜色可能会被意外改变，这可能是因为形状轮廓中存在小间隙，导致填充颜色溢出。针对这个问题，我们可以手动封闭间隙，也可以让 Animate 自动封闭间隙。只要从【工具】面板底部的【间隔大小】菜单中选择要封闭的空隙，Animate 就会自动封闭空隙。

2.6　使用可变宽度线条

在 Animate 中，可以为描边选择不同样式的线条，如实线、虚线、点状线、锯齿线等，甚至可以自定义笔触样式。此外，可以为笔触指定宽度，如均匀宽度、可变宽度，还可以使用【宽度工具】编辑线条宽度。

2.6.1　添加可变宽度线条

接下来使用可变宽度线条进一步塑造章鱼的眉毛，把章鱼愤怒的表情充分表现出来。

❶ 按住 Shift 键，任选一条眉毛，单击组成眉毛的 3 条线条。

❷ 在【属性】面板中，把【笔触大小】设置为 10。

❸ 在【宽】下拉列表中，选择【宽度配置文件 1】，如图 2-30 所示。

此时，充当眉毛的线条变粗了一些，而且中间粗、两端细，如图 2-31 所示。

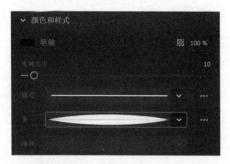

图 2-30

图 2-31

> 💡 **提示**　编辑可变宽度线条与编辑其他笔触一样，使用【选择工具】或【部分选取工具】可以移动线条或者移动锚点。

2.6.2　编辑线条宽度

下面使用【宽度工具】调整章鱼眉毛的宽度与形状。

❶ 单击【工具】面板底部的【编辑工具栏】图标，打开【拖放工具】面板。

❷ 把【宽度工具】从【拖放工具】面板拖动到【工具】面板中，如图 2-32 所示。单击【拖放工具】面板外的空白区域，或者按 Esc 键，关闭【拖放工具】面板。

❸ 在【宽度工具】处于选中的状态下，把鼠标指针移动到眉毛上。

此时，眉毛上会出现一条水绿色线条，上面有一些锚点，指示线条粗细部分的位置，如图 2-33 所示。

> 💡 **提示**　单击一个锚点，将其选中，然后按 Delete 键（macOS）或 Backspace 键（Windows），即可把所选锚点从可变宽度线条上删除。

❹ 拖动中间任意一端的锚点，增加线条宽度，如图 2-34 所示。

❺ 沿着笔触拖动一个锚点，调整其位置。

❻ 沿着笔触拖动任意一个地方，新增一个锚点，并指定锚点位置的线条宽度。当鼠标指针右下角显示一个加号（+）时，表示此处可以添加锚点。

图 2-32

⑦ 调整章鱼的两条眉毛，形状如图 2-35 所示。

💡提示　如果只想修改可变宽度线条上某一侧的宽度，则可以按住 Option 键（macOS）或 Alt 键
（Windows）进行拖动修改。

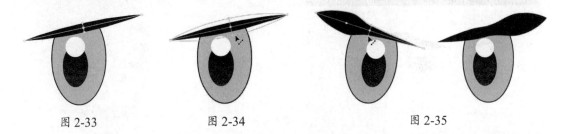

图 2-33　　　　　　　图 2-34　　　　　　　　　图 2-35

2.7　组织形状和图形

　　现在已经制作好了章鱼的眼睛、头部和眉毛。接下来要把绘制的不同部分组织到不同组中。组织
不同部分时，可以把它们分别放在不同的图层上（上一课中就是这样做的），也可以通过编组来组织
它们。

组合对象

　　执行组合操作会把多个形状和图形组合在一起，以保持其完整性。当把眼睛的各个组成部分组合
在一起之后，就可以把它们作为一个整体进行操作了，而且不用担心眼睛会与底层形状交叉与合并。

① 选择【选择工具】。

② 选择两只眼睛和眉毛，如图 2-36 所示。

③ 从菜单栏中依次选择【修改】>【组合】。

　　此时，两只眼睛和眉毛变成一个组合对象。选择组合对象时，其外部会出现一个蓝绿色的控制框，
如图 2-37 所示。

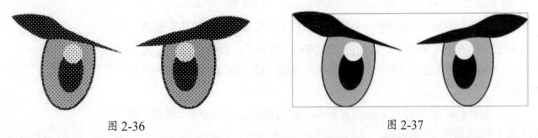

图 2-36　　　　　　　　　　　　　　　　图 2-37

💡注意　从菜单栏中依次选择【修改】>【取消组合】［ 按 Shift+Command+G（macOS）/Shift+
Ctrl+G（Windows）组合键］，可以把组合对象恢复成各个组成形状。

④ 如果想修改眼睛或眉毛，只需双击组合对象进行编辑即可。

　　此时，舞台中其他所有元素都变暗，舞台上方的编辑栏中会出现【Scene 1】字样，这表示当前
正处于一个组中，而且可以编辑其中的内容，如图 2-38 所示。

⑤ 在舞台上方的编辑栏中单击【Scene 1】图标，或者在舞台的空白区域中双击，返回到主场景。

⑥ 选择【选择工具】，把章鱼的眼睛和眉毛移动到头部。

可以根据需要使用【任意变形工具】调整章鱼的头部、眼睛或眉毛，使其符合章鱼的真实特征，如图 2-39 所示。

图 2-38

图 2-39

2.8　创建曲线

前面讲过，可以使用【选择工具】通过推拉形状边缘的方式来创建曲线。接下来讲解另外一种创建曲线的方式：使用【钢笔工具】绘制曲线。使用【钢笔工具】绘制曲线时，可以实现更精准的控制。

2.8.1　使用【钢笔工具】

下面为章鱼制作弯曲、有力的腕足。

① 在【工具】面板中选择【钢笔工具】。若【工具】面板中无【钢笔工具】，则可以单击【工具】面板底部的【编辑工具栏】图标，然后把【钢笔工具】从【拖放工具】面板拖入【工具】面板中。

② 在【属性】面板中，把笔触颜色设置成黑色，从【样式】中选择【极细线】，从【宽】下拉列表中选择【均匀】。

③ 在舞台中（在章鱼头部之外的地方）单击，创建第一个锚点。

④ 把鼠标指针移动到另外一个地方，按住鼠标左键，创建第二个锚点。在不释放鼠标左键的情形下，朝着曲线伸展的方向拖动，此时新锚点上会出现方向控制手柄，如图 2-40 所示。释放鼠标左键，两个锚点之间出现一条平滑的曲线。

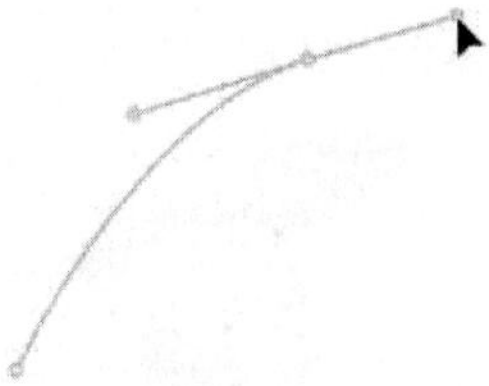

图 2-40

有关使用【钢笔工具】绘制曲线的更多内容，请阅读 2.8.3 小节 "使用【钢笔工具】创建路径" 中的内容。

⑤ 添加新锚点，绘制曲线，使整条曲线类似于 S 形。请注意，添加锚点时，要按住鼠标左键，然后拖动鼠标，直到出现方向控制手柄，这样才能使章鱼腕足的外轮廓线平滑，如图 2-41 所示。

曲线不十分平滑也没关系，可以后面调整。

⑥ 画到腕足末端时，单击位于末端的锚点。

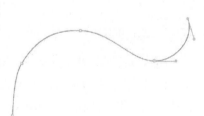

图 2-41

此时，锚点上的方向控制手柄有一半不见了，平滑点变成了转角点，可用于改变曲线的方向，如图 2-42 所示。

⑦ 使用相同的操作方式，用【钢笔工具】继续绘制与第一条曲线类似的曲线，即腕足的另一半外轮廓，如图 2-43 所示。

⑧ 单击第一个锚点，封闭形状，如图 2-44 所示。

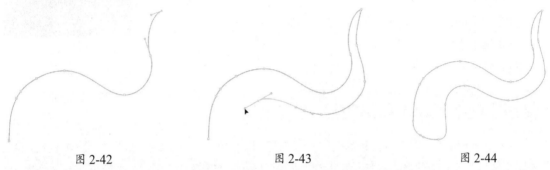

图 2-42   图 2-43   图 2-44

⑨ 在【工具】面板中选择【颜料桶工具】。

⑩ 在【属性】面板中，把填充颜色设置成和章鱼头部一样的颜色。设置时，可以使用【吸管工具】吸取章鱼头部的颜色。

⑪ 在刚刚绘制好的腕足轮廓内单击，填充颜色。

⑫ 选择【选择工具】，双击腕足轮廓线，选中整条腕足的轮廓线，按 Delete 键，将其删除，如图 2-45 所示。

> ♡ 注意 不要期望使用【钢笔工具】很快就能绘制出满意的曲线。要熟悉掌握【钢笔工具】，需要花一些时间练习才行。而且，即使绘制的曲线不满意，也可以使用相关工具对曲线进行调整。

图 2-45

2.8.2 使用【选择工具】和【部分选取工具】调整曲线

第一次绘制曲线时，结果很可能不会那么令人满意。此时，可以使用【选择工具】和【部分选取工具】来调整曲线，使其满足需要。

❶ 在【工具】面板中选择【选择工具】。

❷ 移动鼠标指针，使其靠近腕足某段边缘，直到鼠标指针右下角出现一条弧线，这表示可以调整这段曲线边缘，如图 2-46 所示。

若鼠标指针右下角出现的是一个直角形状，则表示可以编辑该角点。

❸ 拖动曲线，调整形状。

❹ 在【工具】面板中选择【部分选取工具】（该工具隐藏在【选择工具】之下）。

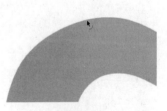

图 2-46

❺ 单击腕足外轮廓，如图 2-47 所示。

❻ 拖动锚点到新位置，或者移动方向控制手柄，调整整个腕足的形状。把方向控制手柄拉长，曲线会变平坦。改变方向控制手柄的倾斜度，曲线的方向会随着发生变化。

图 2-47

2.8.3　删除或添加锚点

使用隐藏在【钢笔工具】下的【删除锚点工具】和【添加锚点工具】，可在曲线上删除和添加锚点。

① 把鼠标指针移动到【钢笔工具】图标上，按住鼠标左键，可打开工具列表，如图 2-48 所示。

图 2-48

② 选择【删除锚点工具】。

③ 在腕足轮廓线上单击一个锚点，将其删除。

④ 选择【添加锚点工具】。

⑤ 在腕足轮廓线上单击，添加一个锚点。

使用【钢笔工具】创建路径

在 Animate 中，可以使用【钢笔工具】创建直的、弯的、开放的或闭合的路径。如果不熟悉【钢笔工具】，则刚开始使用时可能会感到手足无措。在创建路径之前，必须先了解一下一条路径由哪些元素组成，以及如何使用【钢笔工具】创建这些元素。只有掌握了这些知识，创建路径才会游刃有余。

创建直线路径时，第一次单击创建出的是直线路径的起点。此后每次单击都会在前一个锚点和当前锚点之间绘制一条直线段，如图 2-49 所示。使用【钢笔工具】创建复杂的直线路径时，只需不断单击，不断添加锚点即可。

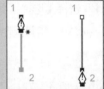

图 2-49

创建曲线路径时，先在当前位置按住鼠标左键，设置一个锚点，然后拖动鼠标，在这个锚点上出现方向控制手柄后，再释放鼠标左键。接着，把鼠标指针移动到下一个位置，设置一个锚点，拖动出方向控制手柄。每个方向控制手柄的末端都有一个方向点。方向控制手柄和锚点的位置共同控制着曲线段的大小和形状。移动方向控制手柄和锚点会改变曲线路径的形状，如图 2-50 所示（A 为曲线段、B 为方向点、C 为方向控手柄、D 为处于选中状态的锚点、E 为处于未选中状态的锚点）。

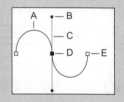

图 2-50

平滑曲线由名为平滑点的锚点连接，尖锐曲线由角点连接。当移动平滑点上的方向控制手柄时，平滑点两侧的曲线段会同时被调整。但是，当移动角点上的方向控制手柄时，只有与方向控制手柄位于同一侧的曲线段才会被调整。

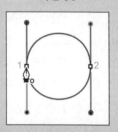

图 2-51

路径和锚点在创建完成后可以单独或作为一个整体移动。若一条路径包含多条曲线段，则可以拖动各个锚点分别调整路径的各条曲线段，或者选择路径上的所有锚点来编辑整条路径。使用【部分选取工具】可以选择与调整某个锚点、路径曲线段或整条路径。

闭合路径的结束方式和开放路径的结束方式不同。要结束一条开放路径，只要选择【选择工具】或者按 Esc 键即可；而要结束一条闭合路径，则需要使用【钢笔工具】，把鼠标指针移动到路径的起点处，当鼠标指针的右下角出现小圆圈时，单击起点，如图 2-51 所示。封闭一条路径会自动结束路径。当路径闭合后，鼠标指针右下角会出现一个星号（＊），表示下次单击会新建一条路径。

2.9 使用【画笔工具】和【流畅画笔工具】

虽然使用【钢笔工具】可以绘制出精确的曲线，如章鱼的腕足，但是它不太适合用来创建即兴的、富有情感表现力的图形。

如果想获得类似绘画的效果，则使用【画笔工具】或【流畅画笔工具】。

使用【画笔工具】可以绘制出更自然、更自由的形状，而且形状可以带有重复图案，用作边框和装饰。Animate 提供了几十种不同的画笔。如果找不到合适的画笔，则可以自定义画笔或者创建画笔。

使用【流畅画笔工具】也能获得类似绘画的效果，它能够根据绘图板的压力和绘制速度产生不同的笔触效果。

【画笔工具】和【流畅画笔工具】最大的不同是，使用【画笔工具】绘制出的是线条，而使用【流畅画笔工具】绘制出的是填充笔触。

2.9.1 使用【流畅画笔工具】

下面使用【流畅画笔工具】绘制章鱼腕足底部的吸盘。

① 从【工具】面板中选择【流畅画笔工具】。

② 在【属性】面板中，将填充颜色设为一种深粉色。在【流畅画笔选项】区域下把【大小】设置为 20。

③ 在【属性】面板顶部的【画笔模式】菜单中选择【仅绘制填充】，如图 2-52 所示。

图 2-52

在【仅绘制填充】模式下，画笔只影响形状的填充。

④ 在腕足底部边缘上绘制一个小圆形，表示一个吸盘，如图 2-53 所示。绘制时，不用担心画到腕足外，Animate 会自动把腕足外的部分清除掉。绘制完成后，释放鼠标左键。

从图 2-54 可以看到，只有位于腕足内部的笔触才会被保存下来，腕足外的部分会被清除掉。

⑤ 沿着腕足底部边缘，添加多个吸盘，如图 2-55 所示。

图 2-53

图 2-54

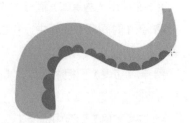

图 2-55

> ♀ 注意 如果你有绘图板，则使用【流畅画笔工具】会获得无尽的乐趣，因为你可以以多种方式定制笔刷，以对绘图板的压力和绘制速度做出不同的响应。

画笔模式

【画笔工具】有 5 种模式，分别是标准绘画、仅绘制填充、后面绘画、颜料选择、内部绘画，如

图 2-56 所示。在不同模式下，画笔有不同的表现。灵活使用这些模式，有助于提高绘画效率。

- 标准绘画：把颜色应用到舞台中的任意对象上，包括描边和填充。
- 仅绘制填充：仅向填充区域应用颜色。
- 后面绘画：只影响舞台中的空白区域，保留现有描边和填充。
- 颜料选择：仅把颜色应用到选择的填充或描边上。
- 内部绘画：从起笔开始，仅向形状的填充应用颜色。

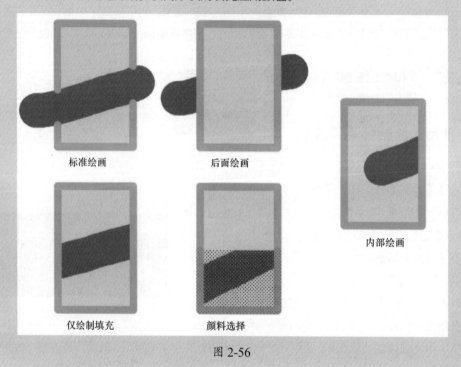

图 2-56

2.9.2 使用【画笔库】面板

接下来使用【画笔库】面板中的一些画笔添加一些海草。

❶ 在【时间轴】面板中，在最上面添加一个新图层，命名为 seaweed，如图 2-57 所示。

图 2-57

❷ 若【工具】面板中不存在【画笔工具】，则可以从【拖放工具】面板把【画笔工具】拖动到【工具】面板中。

❸ 在【工具】面板中选择【画笔工具】。在【属性】面板中，把笔触颜色设置为绿色。

❹ 在【颜色和样式】区域下，把【笔触大小】设置为 50。

这样，绘制的海草就会有一定的粗度。

❺ 单击【样式】右侧的【样式选项】按钮，在弹出的菜单中选择【画笔库】，如图 2-58 所示，打开【画笔库】面板。

在【画笔库】面板的左侧栏中，Animate 把所有画笔划分成几

图 2-58

个大类：Arrows、Artistic、Decorative、Line art、Pattern Brushes、Vector Pack，如图 2-59 所示。

⑥ 在左侧栏中选择某个类别，中间栏中就会显示其下的子类别。在中间栏中选择某个子类别，右侧栏中就会显示该子类别下的所有画笔。这里，我们依次选择【Decorative】>【Elegant Curl and Floral Brush Set】，然后在右侧栏中双击【Floral Brush 8】，如图 2-60 所示，将其添加到【样式】下拉列表中。单击面板右上角的【关闭】按钮，关闭面板。

图 2-59

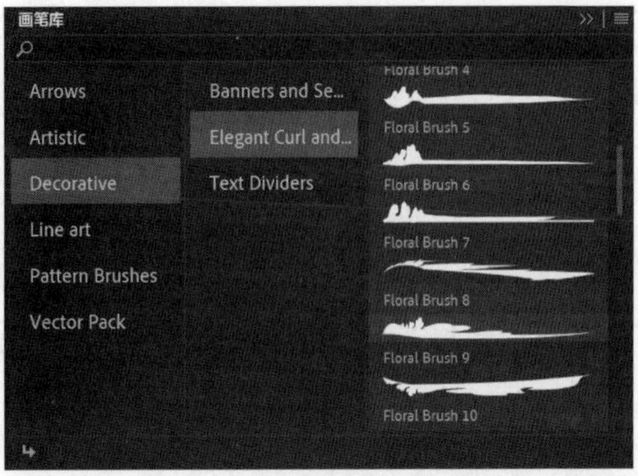

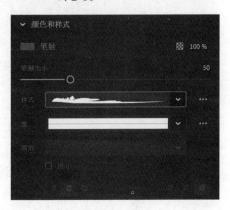

图 2-60

此时，在【属性】面板的【样式】下拉列表中可以看到新添加的【Floral Brush 8】笔触样式，而且它会自动成为当前选择的笔触样式，如图 2-61 所示。

⑦ 从舞台底部往上，画一条弯曲的线条，如图 2-62 所示。

画完之后，弯曲的线条就变成了植物，如图 2-63 所示。

植物看上去很复杂，但其实它由简单的矢量线条控制着。可以使用【部分选取工具】编辑控制画笔笔触的矢量路径，如图 2-64 所示。

图 2-61

图 2-62

图 2-63

图 2-64

> **注意** 使用【画笔工具】时，可以选择创建填充，而非笔触。在【属性】面板中选择【绘制为填充色】，画笔笔触就会变成填充。

就像调整其他矢量形状一样，可以推拉、移动画笔笔触，或者使用【任意变形工具】编辑画笔笔触。绘制几根海草，为章鱼提供一个藏身场所。

编辑与创建艺术画笔或图案画笔

如果在【画笔库】面板中找不到喜欢的画笔，或者项目需要添加一些非常特殊的元素。无论哪种情况，你都需要自己定制一支画笔，可以在现有画笔的基础上修改得到需要的画笔，也可以创建一支全新的画笔。使用图案画笔会在整个笔触内重复基本形状，而使用艺术画笔则会在整个笔触内拉伸基本形状。

图 2-65

在【属性】面板中，单击【样式】右侧的【样式选项】按钮，从弹出的菜单中选择【编辑笔触样式】，如图 2-65 所示，打开【画笔选项】对话框。

【画笔选项】对话框中包含多个控件，这些控件主要用于控制画笔应用基本形状的方式，如图 2-66 所示。

艺术画笔和图案画笔有不同的控制选项，可以尝试设置不同的间距、形状重复或拉伸的方式，以及处理边角和重叠的方式。当新画笔满足需求后，单击【添加】按钮，可把定制的新画笔添加到【样式】下拉列表中。

若要创建一个全新的画笔，则需要在舞台中创建一些基本形状作为新画笔的基础。例如，创建铁轨的基本形状，以便将其作为重复元素用在图案画笔中，如图 2-67 所示。

然后，选择舞台中的基本形状，单击位于【属性】面板上方的【创建新画笔】图标，如图 2-68 所示。

图 2-66

图 2-67

图 2-68

在【画笔选项】对话框的【类型】下拉列表中选择【艺术画笔】或【图案画笔】，然后调整控制选项。预览窗口中会显示调整后的效果，如图 2-69 所示。

为新画笔设置一个名称，单击【添加】按钮，Animate 会把新画笔添加到【样式】下拉列表中，如图 2-70（a）和图 2-70（b）所示。

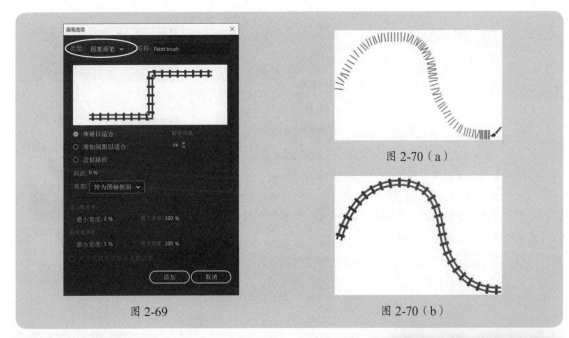

图 2-69

图 2-70（a）

图 2-70（b）

2.9.3 管理画笔

创建好一个新画笔，或者定制好一个画笔后，可以把它保存到【画笔库】面板中。

❶ 在【属性】面板中，单击【样式】右侧的【样式选项】按钮，从弹出的菜单中选择【管理画笔】，如图 2-71 所示，打开【管理文档画笔】对话框。

图 2-71

【管理文档画笔】对话框中会显示当前添加到【样式】下拉列表中的画笔，让你知道哪些是在当前舞台中使用的，哪些不是，如图 2-72 所示。

图 2-72

> 💡注意　Animate 支持使用 Wacom 绘图板通过压力控制可变宽度笔触、艺术画笔、图案画笔。绘制时，重压压感笔，笔触会变粗；轻压压感笔，笔触会变细。在【画笔选项】对话框中，可以调整【压力敏感度】和【斜度敏感度】，从而调整笔触的粗细。尝试在绘图板上用压感笔绘制可变宽度笔触，以自然、直观的方式创建矢量图形。

❷ 选择希望删除或保存到【画笔库】面板的画笔。请注意，使用中的画笔无法删除。

把画笔保存到【画笔库】面板之后，它会出现在【My Brushes】类别之下，如图 2-73 所示。

图 2-73

旋转舞台轻松绘画

在普通纸张上绘画时，可以轻松地旋转纸张，以获得更好的绘画角度。而在 Animate 中，我们可以使用【旋转工具】旋转舞台以实现类似的效果。

图 2-74

在【工具】面板中，【旋转工具】隐藏在【手形工具】之下，如图 2-74 所示。此外，还可以在舞台右上方找到它。

选择【旋转工具】，单击舞台，设置旋转中心点（带十字线的圆形）。设置好旋转中心点之后，拖动舞台，即可把舞台旋转至任意角度，如图 2-75 所示。请注意，此时舞台的【缩放比率】不应该是【符合窗口大小】，否则无法旋转舞台。

单击舞台上方的【舞台居中】按钮，即可重置舞台的方向。

图 2-75

2.10　使用渐变填充

前面我们用过实色填充，此外还可以使用渐变填充来获得更有趣的效果。

在 Animate 中，可以创建线性渐变（沿水平方向、垂直方向或者对角线方向改变颜色）或径向渐变（从中心往外改变颜色）。

下面使用线性渐变填充添加海洋背景。

2.10.1　添加海洋背景

创建渐变时，可以使用【颜色】面板定义渐变颜色。在 Animate 的默认设置下，渐变是从一种颜色逐渐过渡到另外一种颜色，但其实可以往一个渐变中添加多种颜色（最多 15 种）。色标用来确定每种颜色的位置，颜色在各个色标之间进行平滑过渡。在【颜色】面板的颜色渐变条下添加多个色标，可以向渐变中添加多种颜色，创建出丰富的渐变。

下面创建一个线性渐变（从淡蓝色过渡到深蓝色），用来充当海洋背景。

❶ 在【时间轴】面板中新建一个图层，重命名为 background，然后将其移动到所有图层之下，如图 2-76 所示。

❷ 从菜单栏中依次选择【窗口】>【颜色】，打开【颜色】面板。在【颜色】面板中，单击【填充颜色】按钮，从【颜色类型】下拉列表中选择【线性渐变】，如图 2-77 所示。

❸ 在【颜色】面板中，单击颜色渐变条最左侧的色标，将其选中（此时色标顶部的小三角形变成黑色），然后在颜色值输入框中输入 66CCFF（淡蓝色），按 Return 键（macOS）或 Enter 键（Windows），应用颜色。此外，还可以从拾色器中选择颜色，或者双击色标，从色板中选择颜色。

❹ 在颜色渐变条下，单击最右侧的色标，在颜色值输入框中输入 000066（深蓝色），按 Return 键（macOS）或 Enter 键（Windows），应用颜色，如图 2-78 所示。

资源获取验证码：20539

图 2-76

图 2-77

⑤ 在【工具】面板中选择【矩形工具】。

⑥ 在【属性】面板的【颜色和样式】区域下，可以看到填充颜色已经变成了刚刚在【颜色】面板中定义的渐变颜色。把笔触颜色设置为【无】（白色背景上有一条红色斜线），如图 2-79 所示。

图 2-78

图 2-79

💡提示　在【颜色】面板中，把鼠标指针移动到颜色渐变条底下的某个色标上，按住鼠标左键，将色标拖离颜色渐变条，可将其删除。

⑦ 绘制一个大矩形，把整个舞台全部盖住。

矩形中填充的是从淡蓝色到深蓝色的渐变颜色，如图 2-80 所示。

2.10.2　使用【渐变变形工具】

编辑渐变填充时，除了可以更改颜色及色标的位置，还可以调整渐变填充的大小、方向、中心。下面使用【渐变变形工具】更改渐变颜色起变化的位置。

❶ 在【工具】面板中选择【渐变变形工具】（该工具隐藏在【任意变形工具】之下）。

❷ 单击舞台中的矩形背景，显示变形控制框，如图 2-81 所示。

❸ 向内拖动变形控制框右侧的方形控制点，把两种颜色之间的过渡收紧一些。拖动右上角的圆形控制点，旋转渐变填充，使淡蓝色出现在左上角，深蓝色出现在右下角，如图 2-82 所示。

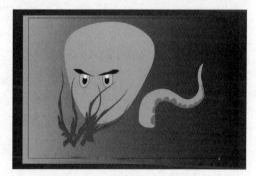

图 2-80

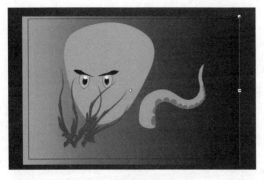

图 2-81

图 2-82

💡 提示 移动中心圆点,可改变渐变填充的中心位置。拖动圆形控制点,可旋转渐变填充;拖动方形控制点,可拉伸或收紧渐变填充。

2.11 设置透明度数值

透明度数值是个百分数,叫 Alpha 值。Alpha 值为 100%,代表完全不透明;Alpha 值为 0%,代表完全透明。

修改填充的 Alpha 值

接下来向场景中添加一些小的透明泡泡,为画面添加一些有趣的细节。我们都知道章鱼不会吐泡泡,也不会用眼睛瞪人。这里,我们特意加上这些只是为了表现的需要而已。

❶ 在【时间轴】面板中选择 seaweed 图层。

❷ 在【工具】面板中选择【椭圆工具】。

❸ 在【属性】面板中,把填充颜色与笔触颜色都设置成白色,从【样式】中选择【极细线】,从【宽】下拉列表中选择【均匀】。

图 2-83

❹ 把【填充】的 Alpha 值设置为 60%,如图 2-83 所示。

在【属性】面板中,色板用来预览新选择的颜色。透明度用灰色格线表示,这一点可以在透明度色板中看到。

❺ 按住 Shift 键,绘制一些大小不等的圆形泡泡。

这些圆形泡泡略微透明,可以透过它们看见后面的图形,如图 2-84 所示。

图 2-84

💡 提示 可以创建具有不同 Alpha 值的渐变。

💡 提示 在【属性】面板中,单击填充颜色图标,在弹出的色板中修改右上角的 Alpha 值,也可以更改形状的透明度。

使用色板和带标记的色板

色板是预先定义好的颜色样本，它们存在于【样本】面板中
［选择【窗口】>【样本】，或者按 Command+F9（macOS）/
Ctrl+F9（Windows）组合键］。可以把在图形中用过的颜色
保存成新的色板，以供日后重复使用。

带标记的色板是一类特殊的色板，它们会链接到舞台中正
在使用它们的图形上。在【样本】面板底部单击【转换为带标
记的色板】图标即可创建带标记的色板，可以对带标记的色板
进行重命名。凡是右下角带有白色三角形的颜色都是带标记的
色板，如图 2-85 所示。

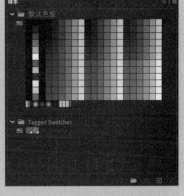

图 2-85

当需要更新项目时，带标记的色板的优势就体现出来了。
例如艺术总监或客户不喜欢泡泡的颜色，需要修改一下泡泡的颜色。如果泡泡使用的是带标记的
色板，则只要修改带标记的色板的颜色，其他所有使用这个色板的图形的颜色都会同步发生变化。

2.12 元件

章鱼一般有 8 只腕足，但到目前为止，我们只制作好了一只腕足，其他腕足怎么办？一只只地制
作吗？不用，有一种更简单的方法，那就是使用元件。元件是可重复使用的资源，它们存放在【库】
面板中。

除了常规用法，元件还广泛应用于特效、动画的制作。Animate 支持 3 种类型的元件：图形元件、
按钮元件、影片剪辑元件。在一个项目中，虽然元件的使用次数不受限制，但 Animate 只保留一份数据。
元件可以使编辑工作变得更轻松。如果舞台中的 8 只腕足全都源自同一个元件，那么只需编辑一次，
所有腕足都会得到更新。

> ♀注意　使用影片剪辑元件的项目不一定就是动态影片。

元件存放在【库】面板中。把一个元件拖入舞台后，Animate 会为这个元件创建一个实例，元件
本身仍然保留在【库】面板中。元件的实例就是这个元件的副本，可以把它放入舞台中。元件相当于
照片底片，其在舞台中的实例相当于用底片洗出的照片，一张底片能洗出很多张照片，同样，一个元
件也能创建出多个实例。

当然，也可以把元件看成一个盛东西的容器，里面可以装 JPEG 图片、AI 图形，以及在 Animate
中绘制的图形。任何时候，你都可以进入元件中，编辑、修改或替换其中的内容。当元件的内容发生
变化时，其所有实例都会随之发生改变。

3 类元件

Animate 有 3 类元件（图形元件、按钮元件、影片剪辑元件），它们分别有着不同的用途。在【库】
面板中，每类元件都有不同的图标，通过这些图标，你可以分辨出某个元件是哪种类型的元件。

在本书中，这 3 类元件我们都会讲到。

影片剪辑元件

影片剪辑元件是用途最广的元件。创建动画时，一般用的就是影片剪辑元件。可以向影片剪辑元件的实例应用滤镜、颜色设置、混合模式来制作特殊效果，增强实例外观的效果。

影片剪辑元件拥有独立的时间轴。可以轻松地在影片剪辑元件中添加动画，就像在主时间轴上添加动画一样简单。这有助于制作特别复杂的动画，例如有一只蝴蝶从左到右飞过舞台，它在穿过舞台的同时有扇动翅膀的动作，而且这两个动作是相互独立的。

影片剪辑元件支持用代码控制。借助代码，可以让影片剪辑元件的实例对用户的输入做出响应。例如，可以控制一个影片剪辑元件的实例的位置，旋转角度来制作街机风格的游戏；或者让影片剪辑元件的实例支持拖放动作，以便用在拼图游戏中。

按钮元件

按钮元件是用来实现交互的，包含 4 个不同的关键帧，分别用来描述它们在与鼠标交互时的呈现方式。按钮元件的行为是由代码驱动的。

此外，也可以向按钮元件应用滤镜、混合模式、颜色设置。第 10 课中，我们会制作一个交互性横幅广告，以允许用户选择动态显示的内容，其中会讲解更多有关按钮元件的内容。

图形元件

制作复杂的影片剪辑元件时，经常会用到图形元件。图形元件不支持交互，也无法应用滤镜或混合模式。

当希望在一个图形的不同版本之间切换时，使用图形元件会非常方便。例如，在同步嘴唇形状与声音时，把所有嘴唇形状放置在图形元件的各个关键帧中会使同步过程变得简单。在把一个元件内的动画同步到主时间轴时，也会使用图形元件。

2.13　创建元件

创建元件有如下两种方法。

方法一：先取消全选，然后从菜单栏中依次选择【插入】>【新建元件】，在【创建新元件】对话框中，输入元件名称，选择元件类型，单击【确定】按钮，进入元件编辑模式，就可以为元件绘制或导入图形了。

方法二：先选择舞台中的某个对象，然后将其转换成元件，Animate 会自动把选择的所有对象放入新的元件中。

许多设计师喜欢使用第二种方法。因为使用第二种方法可以在舞台中创建所有图形，并可以在将这些图形转换成元件之前整体查看它们。

把舞台中的对象转换成元件

下面选择章鱼腕足，将其转换成影片剪辑元件。

❶ 在舞台中，只选中章鱼腕足。

❷ 从菜单栏中依次选择【修改】>【转换为元件】（按 F8 键）。

此时，会弹出【转换为元件】对话框。

❸ 在【转换为元件】对话框中输入元件名称 tentacle，从【类型】下拉列表中选择【影片剪辑】，如图 2-86 所示。

❹ 其他设置保持不变。对齐网格上的黑色方块指示的是元件的对齐基准点（X=0、Y=0），所有变换（如旋转、缩放）都基于这个对齐基准点进行。同时，Animate 也使用这个对齐基准点确定元件在舞台中的位置。把对齐基准点设置在网格的左上角。

❺ 单击【确定】按钮。此时，tentacle 元件就出现在了【库】面板中，如图 2-87 所示。

图 2-86

图 2-87

现在，【库】面板中已经有了一个元件，而且舞台中有这个元件的一个实例。

> 💡 注意　使用【转换为元件】命令时，其实 Animate 并没有对对象做什么转换操作，它只是把选择的所有对象放到了一个元件中。

2.14　使用实例

我们可以基于【库】面板中的某一个元件轻松创建出多个实例，这样做不会增加文件的大小。最重要的是，实例与原始元件之间可以稍有不同，而且同一个元件的多个实例之间也可以不完全一样，例如它们在舞台中的位置、尺寸、旋转角度、颜色、透明度、应用的滤镜等。

接下来向场景中添加一些腕足的实例，然后根据它们在章鱼身上的位置，分别做一下修改。

2.14.1　添加多个腕足实例

下面从【库】面板把 tentacle 元件多次拖入舞台中，以向场景中添加多个腕足实例。

❶ 在【时间轴】面板中选择 octopus 图层。

❷ 从【库】面板中，把 tentacle 元件拖入舞台中。

此时，octopus 图层中新增一只腕足，当前舞台中有两个 tentacle 元件的实例，如图 2-88 所示。

❸ 使用同样的方法添加更多腕足，使舞台中总共有 8只腕足。

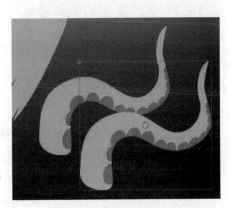

图 2-88

2.14.2 修改每个实例的尺寸、位置、重叠关系

下面使用【任意变形工具】，修改每只腕足，使它们之间有所不同。

❶ 从【工具】面板中选择【任意变形工具】，单击其中一只腕足。

❷ 对所选腕足进行旋转、倾斜、缩放操作，使其形态发生一些变化，如图 2-89 所示。

❸ 使用【任意变形工具】对其他腕足做相应的调整，使其各不相同。把其中 4 只腕足放到章鱼身体的一侧，把另外 4 只腕足水平翻转一下，然后放到章鱼身体的另一侧，如图 2-90 所示。

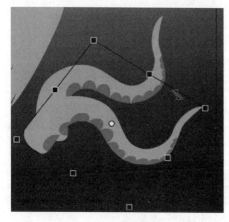

图 2-89

图 2-90

❹ 调整章鱼各只腕足的堆叠顺序。使用鼠标右键单击一只腕足，从弹出的快捷菜单中依次选择【排列】>【移至顶层】，将腕足移动到所有腕足的上方；或者选择【上移一层】，把腕足往上移一层；或者选择【移至底层】，把腕足移动到最底部，使其位于所有腕足之下；或者选择【下移一层】，把腕足往下移一层，如图 2-91 所示。

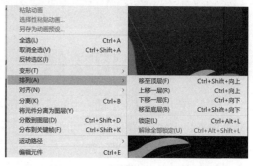

> 💡注意　使用【任意变形工具】调整元件的实例时，无法通过按住 Command（macOS）/Ctrl（Windows）键拖动变形控制框上的角控制点来实现自由变形。

图 2-91

2.14.3 更改实例的色彩效果

每个实例可以有不同的透明度、色调或亮度。可以在【属性】面板的【色彩效果】区域中找到这些设置控件。

❶ 在【工具】面板中选择【选择工具】，选择底部的两只腕足。

❷ 在【属性】面板的【色彩效果】区域中，从【颜色样式】下拉列表中选择【亮度】。

❸ 拖动亮度滑块，将其设置为 -20%，如图 2-92 所示。

图 2-92

此时，舞台中处于选中状态的两只腕足变暗了一些，从视觉上看起来好像往后退了一些，如图 2-93 所示。

> 💡 提示　从【颜色样式】下拉列表中选择
> 【高级】，可通过调整红色、绿色、蓝色、
> Alpha 值来同时调整实例的色调、透明度和
> 亮度。

> 💡 提示　从【颜色样式】下拉列表中选择
> 【无】，可重置实例的色彩效果。

图 2-93

2.14.4　编辑【库】面板中的元件

可以随时编辑【库】面板中的元件。例如，如果想更改腕足的形状，则可以进入元件编辑模式进行修改。【库】面板中的元件无论是否在舞台中使用过，都可以直接对它们进行编辑。

重要的是：编辑一个元件时，对元件做出更改之后，这些更改也会在它的所有实例中体现出来。

❶ 在【库】面板中，双击 tentacle 元件的图标。

此时，Animate 会进入元件编辑模式。在元件编辑模式下，可以看到元件的内容，在这里是章鱼的一只腕足，如图 2-94 所示。在舞台顶部有一个编辑栏，从编辑栏可知，当前不在【Scene 1】中，而在 tentacle 元件中。

❷ 在【工具】面板中选择【颜料桶工具】，把吸盘颜色更改为浅橙色，如图 2-95 所示。

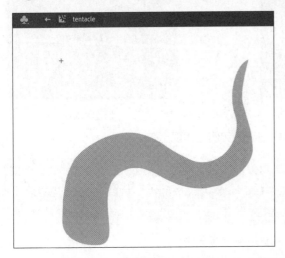

图 2-94

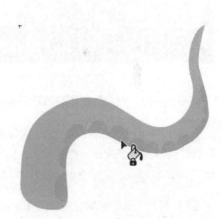

图 2-95

❸ 单击舞台上方编辑栏中的回退箭头，退出元件编辑模式，返回到主场景中。

此时，在【库】面板中，从 tentacle 元件的缩览图可以看到做的更改，同时舞台中的所有实例也发生了改变。编辑元件之后，这个元件的所有实例都会发生变化，如图 2-96 所示。

图 2-96

2.14.5　就地编辑元件

有时编辑一个元件时，我们并不想把这个元件单独拿出来进行编辑，而是希望在周围有其他对象的情形下进行编辑。为此，只要在舞台中双击元件的一个实例，即可进入元件编辑模式，同时还可以看到实例周围的对象。在这种模式下编辑元件就是所谓的"就地编辑元件"。

❶ 选择【选择工具】，在舞台中双击 tentacle 元件的一个实例，如图 2-97 所示。

此时，Animate 会进入元件编辑模式，舞台中的其他对象都处于灰白状态。从舞台顶部的编辑栏可知，当前不在【Scene 1】中，而在 tentacle 元件中。

❷ 在【工具】面板中选择【选择工具】，拖拉腕足边缘，更改腕足的形状，如图 2-98 所示。

图 2-97

图 2-98

编辑元件时，对元件的所有改动都会在舞台中相应的实例上体现出来。

❸ 在舞台顶部的编辑栏中单击【Scene 1】，返回到主场景中。

选择【选择工具】，在舞台中双击图形外的空白区域，返回到一个更高级别的组中。

2.14.6　分离实例

如果不希望舞台中的某个实例与元件链接在一起，则可以使用【分离】命令，把实例与元件的链接断开，使实例成为独立的对象。

❶ 在舞台中，使用【选择工具】选择一个腕足实例。

❷ 从菜单栏中依次选择【修改】>【分离】。

此时，Animate 会断开实例与元件之间的链接，舞台中显示的是元件的内容，它是一个形状。

③ 从菜单栏中依次选择【编辑】>【撤销分离】，使腕足重新成为元件的实例。

2.15　向实例应用滤镜

上一课，我们向时间轴上的关键帧应用过滤镜。其实，我们也可以向舞台中元件的实例应用滤镜，以创建特殊效果，如模糊、发光、投影等。【属性】面板的【滤镜】区域中有一些现成的滤镜，每种滤镜都有一些独特的控件，用来调整滤镜效果。

应用模糊滤镜

下面向场景中最远的腕足应用模糊滤镜，加强场景的空间感。

① 选择章鱼最后面的两只腕足（身体左右两侧各一只）。

② 在【属性】面板中展开【滤镜】区域。

③ 单击【添加滤镜】按钮（加号），从弹出的菜单中选择【模糊】，如图 2-99 所示。

图 2-99

此时，【属性】面板中会显示出【模糊】滤镜的各个属性和值。

④ 若【模糊 X】和【模糊 Y】之间的链接功能（锁形图标）未开启，请单击锁形图标将其开启。这样，当改变其中一个值时，另一个值也会发生变化，同时在两个方向上约束模糊效果。

图 2-100

⑤ 保持【模糊 X】和【模糊 Y】的默认值（4 像素）不变，如图 2-100 所示。

此时，场景中章鱼最后面的两只腕足变模糊了，加强了整个场景的空间感，如图 2-101 所示。

> ♀注意　建议从滤镜的【品质】下拉列表中选择【低】。品质越高，CPU 负担越大，对性能的影响越大，尤其是在同时应用了多个滤镜的情况下。

图 2-101

更多滤镜选项

【滤镜】区域的右上角有一个齿轮图标，单击该图标，可打开一个选项菜单，里面包含一些管理与应用多个滤镜的选项和按钮。

其中，【另存为预设】选项用来保存特定的滤镜及设置，以便将其应用到其他元件的实例上；【复制选定的滤镜】和【复制所有滤镜】两个选项用来复制一个或多个滤镜；【粘贴滤镜】选项用来把选定的滤镜粘贴到其他元件的实例上；【重置滤镜】选项用来把所选滤镜的属性值恢复成默认值。【启用滤镜】或【禁用滤镜】按钮（眼睛图标）用来开启或关闭某个已经应用的滤镜。

2.16 创建与编辑文本

接下来向场景中添加文本。文本的选项各种各样，具体使用哪一种取决于选择的文档类型。对于 HTML5 Canvas 文档来说，可以使用静态文本或动态文本。

使用静态文本显示文本内容时，用的是安装在计算机中的字体。在舞台中创建静态文本并将其发布为 HTML5 项目时，Animate 会自动把文本转换成轮廓。这样，就不必担心观众看不到选用的文本字体了。但这样的缺点是，文本太多会增加文件大小。

使用动态文本显示文本内容时，用的是 Adobe Fonts（以前的 Typekit）或 Google Fonts 上的网络字体。通过 Adobe Creative Cloud 订阅计划，你可以使用数千种高质量的字体。这些字体由 Adobe 提供，可直接通过 Animate 中的【属性】面板访问它们。在 Google Fonts 中，可以找到许多高质量的开源字体，这些开源字体托管在 Google 服务器上。

下面为章鱼添加一句话。添加时，我们会选择一种合适的网络字体。

2.16.1 使用【文本工具】添加动态文本

使用【文本工具】创建文本。

❶ 在【时间轴】面板中选择最上方的图层。

❷ 从菜单栏中依次选择【插入】>【时间轴】>【图层】，把新创建的图层重命名为 text，如图 2-102 所示。

❸ 在【工具】面板中选择【文字工具】。

❹ 在【属性】面板中，从【文本类型】下拉列表中选择【动态文本】，如图 2-103 所示。

图 2-102

图 2-103

❺ 在【字符】区域中，根据需要选择一种字体，这里随意选择字体，后面我们会使用 Adobe 网络字体代替它。

❻ 在【段落】区域下选择【居中对齐】。

❼ 在章鱼旁边拖出一个文本框。

❽ 输入文本 Why do octopuses make the best criminals?，如图 2-104 所示。

❾ 在【工具】面板中选择【选择工具】，退出【文本工具】。

❿ 在第一句话下再添加一句话 Because they're well armed.（两句话在同一个图层上），如图 2-105 所示。

图 2-104

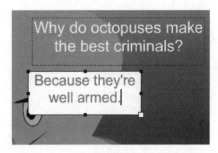

图 2-105

2.16.2 添加网络字体

接下来将把一个网络字体添加到项目中。在此之前，请确保计算机能够连接到互联网，Animate 会从网络上获取可用字体。添加 Adobe 字体的方法和添加 Google 字体的方法类似，这里只讲如何添加 Adobe 字体。

图 2-106

❶ 选择第一句话，在【属性】面板的【字符】区域中，单击【添加 Web 字体】按钮（地球图标），从弹出的菜单中选择【Adobe Fonts】，如图 2-106 所示。

打开【添加 Adobe Fonts】对话框，如图 2-107 所示。加载字体的过程很慢，请保持耐心。

图 2-107

❷ 从【排序依据】菜单中选择【名称】，如图 2-108 所示。

此时，Adobe 字体会按照字母顺序显示。你也可以选择根据日期、热度或其他条件进行排序。

Adobe 的每种字体都使用 AaBbCcDd 示例文本来展示字体效果。拖动对话框右侧的滚动条，可以浏览各种字体。借助对话框顶部的搜索栏，可以搜索指定字体；也可以使用【筛选】功能，缩小字体搜索范围。

❸ 仔细浏览各种字体，从中选择一款需要的字体。在示例文本下，单击字体名称，显示所选字体的风格样式，如图 2-109 所示。

❹ 在字体详情页面中，单击【选中√】按钮，然后单击【确定】按钮。

Animate 会把选择的网络字体添加到可用字体下拉列表中，并显示在下拉列表的顶部，如图 2-110
所示。

图 2-108

图 2-109

⑤ 选择舞台中的文本，应用刚刚添加的新字体。在【属性】面板中，为文本选择一种合适的颜色，
调整文本大小和行距（文本行之间的距离，位于【段落】区域中），使文本自然地融入场景中。

⑥ 选择另外一个文本，应用同一种字体，如图 2-111 所示。

图 2-110

图 2-111

如果你做出的字体效果和这里的字体效果不一样，没有关系，根据你自己的情况选择合适的字体
即可。

2.16.3　删除网络字体

如果不想再用某种网络字体，可以将其删除，然后选择另外一种字体。

① 选择希望删除网络字体的所有文本。

② 选择其他字体，取消选择当前字体。

③ 单击【添加 Web 字体】按钮，从弹出的菜单中选择【Adobe Fonts】，打开【添加 Adobe Fonts】
对话框。

④ 单击【选择的字体】选项卡。

Animate 会把已被选定用于项目中的所有字体显示出来，并用蓝色图标标出。这里，选择的是
Nueva Std，因为它之前已经被添加到项目之中了，如图 2-112 所示。

图 2-112

有些字体标有灰色图标，这表示舞台中的某些文本还在使用它。在从项目中删除某种字体之前，必须先使相关文本不使用该字体。

⑤ 取消选择字体。

此时，【选择的字体】选项卡下无字体显示。

⑥ 单击【确定】按钮。

关闭【添加 Adobe Fonts】对话框。Animate 已经把相关网络字体从【属性】面板的字体下拉列表中删除了。

2.17　对齐与排布对象

下面整理一下文本，使布局更有组织性。放置对象时，除了使用标尺（【视图】>【标尺】）、网格（【视图】>【网格】>【显示网格】），还可以使用【对齐】面板，而且处理多个对象时使用【对齐】面板会更高效。此外，还可以借助智能参考线来对齐和排布对象，启用智能参考线后，在舞台中移动对象时，智能参考线就会出现。

对齐对象

【对齐】面板用来沿水平方向或垂直方向对齐所选对象，还可以用来均匀地排布对象。

① 从【工具】面板中选择【选择工具】。

② 按住 Shift 键，单击两个文本，把它们同时选中，如图 2-113 所示。

③ 打开【对齐】面板（【窗口】>【对齐】）。

④ 取消勾选【与舞台对齐】，单击【水平中齐】按钮，如图 2-114 所示。

Animate 会居中对齐两个文本，如图 2-115 所示。

图 2-113　　　　　　　　图 2-114　　　　　　　　图 2-115

💡 提示　在对齐文本之前，最好先把文本图层下面的所有图层锁定，以防止意外选中下面图层中的形状。

使用标尺和辅助线

有时，我们需要在场景中精确地放置某个对象。在第 1 课中，我们学习了如何使用【属性】面板中的【X】【Y】来放置对象。这里，我们学习如何使用【对齐】面板来对齐对象。

在舞台中放置对象的另外一种方式是使用标尺与辅助线。标尺位于粘贴板的顶部与左侧，在水平方向和垂直方向上有度量刻度。辅助线是舞台上的水平线或垂直线，但在最终发布的影片中不会出现辅助线。

从菜单栏中依次选择【视图】>【标尺】[按 Option+Shift+Command+R（macOS）/Alt+Shift+Ctrl+R（Windows）组合键]，可打开水平标尺与垂直标尺，它们分别位于粘贴板的顶部与左侧，度量单位是像素。在舞台中移动对象时，刻度线显示的是对象边界框在标尺上的位置。舞台左上角的坐标是（0,0），沿水平方向向右，X 值逐渐增大；沿垂直方向向下，Y 值逐渐增大。把鼠标指针放到水平标尺（顶部）或垂直标尺（左侧）上，按住鼠标左键，向舞台拖动，会产生一条带颜色的辅助线，可以把辅助线用作参考线来对齐对象。

使用【选择工具】双击任意一条辅助线，会弹出【移动辅助线】对话框，在其中输入位置值，可以把辅助线准确移动到指定的位置。

从菜单栏中依次选择【视图】>【贴紧】>【贴紧至辅助线】，当把对象移动到辅助线附近时，对象会被自动吸附到辅助线上。

从菜单栏中依次选择【视图】>【辅助线】>【锁定辅助线】，可以防止意外移动辅助线。从菜单栏中依次选择【视图】>【辅助线】>【清除辅助线】，可以删除舞台上的所有辅助线。从菜单栏中依次选择【视图】>【辅助线】>【编辑辅助线】，可以打开编辑辅助线的对话框，在其中可以更改辅助线的颜色、指定对齐精确度等。

2.18 分享作品

分享最终作品的方法有很多。在 Animate 中，可以把作品以不同的格式导出并发布到多个平台上。Animate 几乎拥有每种图形文件格式的选项。

> ♀ 注意 在 Animate 用户指南的【工作区和工作流】下，有一个【图像和动画 GIF 的优化选项】主题，通过这个主题，你可以了解导出图像和 GIF 动画时可使用的各种选项。关于如何访问 Animate 用户指南，请阅读本书前言【其他资源】中的内容。

> ♀ 注意 当 Animate 文档中包含多个帧时，可以选择把它导出为 GIF 动画。

2.18.1 导出为 PNG、JPEG、GIF 文件

如果希望最终作品是一个简单的图像文件（如 PNG、JPEG、GIF 文件），则可以在【导出图像】对话框中，选择导出格式，设置压缩级别，以优化网络下载性能。

❶ 从菜单栏中依次选择【文件】>【导出】>【导出图像】，打开【导出图像】对话框，如图 2-116 所示。

在【优化的文件格式】下拉列表中选择【GIF】。单击下拉列表右侧的向下箭头，从弹出的下拉列表中可以选择其他导出格式。选择不同的导出格式，对话框中显示的格式选项也不同。

❷ 选择合适的文件格式、压缩级别、颜色表，并且尝试不同的设置，比较这些设置对图像质量和文件大小产生的影响，在图像质量与文件大小之间做出合理取舍。此外，还可以重新调整图像尺寸。

图 2-116

> 💡 注意 矢量图形会给处理器带来很大的负担,特别是那些包含复杂曲线、大量形状、多种线条类型的矢量图形。这在移动设备上会是一个大问题,因为移动设备的处理器不够强,很难渲染复杂的矢量图形。使用【修改】>【转换为位图】命令把舞台中选中的矢量图形转换成单一位图,能够大大减轻处理器的负担。把对象转换成位图之后,就可以轻松移动它,不用担心它会与底层形状合并在一起,但是我们不能再使用 Animate 中的编辑工具来编辑它。

> 💡 注意 当作品中包含复杂的矢量图形时,导出作品的一个比较好的选择是使用【导出为位图】命令(只针对 ActionScript 3.0 文档)。发布项目时,该命令会把矢量图形渲染成位图,同时在 FLA 文件中保持选区为可编辑的矢量图形,这样仍然可以修改它。在【属性】面板的【显示】区域中,从【渲染】下拉列表下选择【导出为位图】即可。

2.18.2 导出为 SVG 文件

SVG(可缩放矢量图形)是一种常见的基于 XML 的图像格式,用来在浏览器中显示矢量图形。在 Animate 中,可以把最终作品导出为 SVG 文件,可嵌入或链接任意位图。导出的 SVG 图像是一个静态图像,它只支持静态文本。

❶ 从菜单栏中依次选择【文件】>【导出】>【导出图像(旧版)】,打开【导出图像(旧版)】对话框。

❷ 从【保存类型】下拉列表中选择【SVG 图像 (*.svg)】,单击【保存】按钮。

❸ 在【导出 SVG】对话框中,在【图像位置】选项下选择【嵌入】,如图 2-117 所示。

【图像位置】选项用于指定是把位图编码到 SVG 文件中还是把它作为独立文件链接到 SVG 文件中。嵌入图像会使 SVG 文件变大,而链接图像能够让用户轻松地更换与编辑图像。

图 2-117

❹ 单击【确定】按钮。

导出 SVG 文件时会把所有图像数据编码到一个文本文件中。SVG 文件就是一个带标记的文本文件，与 HTML 文档很像。所有视觉信息（包括角点、曲线、文本）和颜色信息都会被编码到一个紧凑的文本文件中。

在浏览器中打开一个 SVG 文件时，浏览器会渲染图像，并保留所有矢量信息。放大图像，曲线的边缘仍然很清晰，而且作品中的所有静态文本都是可选择的。

2.19 使用【资源】面板

在制作大型项目时，通常需要跟其他设计师、动画师进行合作，而且在合作过程中，肯定需要与他人共享图形和其他资源。在 Animate 的【资源】面板的帮助下，与他人合作会变得非常容易。在【资源】面板中，可以保存静态资源或动态资源，可以使用关键字高效搜索资源，还可以把资源导出为 ANA 文件供他人使用。

2.19.1 把图形保存到【资源】面板中

【资源】面板有两个选项卡：一个是【默认】选项卡，里面存放着 Adobe 提供的静态资源和动态资源，你可以浏览并把它们应用到自己的项目中；另一个是【自定义】选项卡，你可以在其中保存自己的资源。

❶ 在【库】面板中，使用鼠标右键单击 tentacle 元件，从弹出的快捷菜单中选择【另存为资源】，如图 2-118 所示。

打开【另存为】对话框。

❷ 在【名称】中输入 tentacle。

❸ 在【标记】中输入与资源相关的关键字，多个关键字之间用逗号分隔，如图 2-119 所示。关键字可以帮助你在【资源】面板中快速找到某个资源。输入关键字时，可以使用描述性词语、项目名称、作者名称等。

❹ 单击【保存】按钮。

图 2-118

Animate 会把资源保存到【资源】面板的【自定义】选项卡下，如图 2-120 所示。然后，你就可以在不同的 Animate 文件中使用它了。

图 2-119

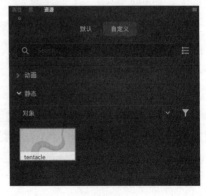

图 2-120

2.19.2　导出与导入资源

如果想与他人分享资源，那么可以把它导出为 ANA 文件。

❶ 在【库】面板中，使用鼠标右键单击 tentacle 元件，从弹出的快捷菜单中选择【导出资源】，如图 2-121 所示。

打开【导出资源】对话框。

❷ 在【标记】中输入与资源相关的关键字，多个关键字之间用逗号分隔，如图 2-122 所示。（此步骤可选。）

❸ 单击【导出】按钮。

打开【导出资源】对话框，输入资源名称，指定导出位置，把资源导出到计算机中。

❹ 导入资源时，在【资源】面板中，单击右上角的三道杠图标，从弹出的菜单中选择【导入】，如图 2-123 所示。

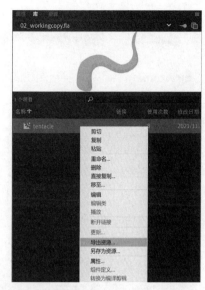

图 2-121

图 2-122

图 2-123

❺ 在【导入资源】对话框中，找到希望导入的 ANA 文件，单击【打开】按钮。

Animate 会把资源保存到【资源】面板的【自定义】选项卡下。在 Animate 文件中使用资源时，只需要将其拖入舞台中，Animate 就会把它作为一个元件添加到【库】面板中。

2.20 复习题

❶ Animate 中有哪 3 种绘制模式？它们有何不同？

❷ Animate 中有几种选择工具？这些选择工具分别在什么时候使用？

❸ 【宽度工具】有什么用？

❹ 艺术画笔与图案画笔有何不同？

❺ 什么是网络字体？ Animate 为 HTML5 Canvas 文档提供了哪些网络字体？

❻ 什么是元件？它与实例有什么不同？

❼ 编辑元件的两种方式是什么？

❽ 在 Animate 中，如何更改实例的透明度？

2.21 答案

❶ Animate 中有 3 种绘制模式，分别是合并绘制模式、对象绘制模式、图元对象绘制模式。

   • 在合并绘制模式下，在舞台中绘制的形状会合并在一起，形成一个形状。

   • 在对象绘制模式下，每个对象都是不同的，即使与另外一个对象重叠，也各自保持独立。

   • 在图元对象绘制模式下，可以调整对象的角度、半径、角半径。

❷ Animate 中有 3 种选择工具，分别是【选择工具】【部分选取工具】【套索工具】。

   • 使用【选择工具】可以选择整个形状或对象。

   • 使用【部分选取工具】可以选择对象中的特定点或线。

   • 使用【套索工具】可以绘制自由选区。

❸ 使用【宽度工具】可以调整笔触的宽度。拖动锚点上的控制手柄，可以增加或减小笔触的宽度，笔触上的锚点可删除、可添加、可移动。

❹ 使用艺术画笔会拉伸基本形状，使其填满矢量笔触，模拟具有表现力和创意性的笔触，通常用作绘画画笔。使用图案画笔会在笔触中重复基本形状，创建装饰性图案。

❺ 网络字体是专门为在线浏览而创建的字体，这些字体一般托管在某台服务器上。Animate 为 HTML5 Canvas 文档提供了两种网络字体：Adobe 字体、Goolge 字体。

❻ 元件分为图形元件、按钮元件、影片剪辑元件，只要在 Animate 中创建一次，就可以在整个文档或其他文档中重用它。所有元件都存放在【库】面板中，实例是元件的副本，位于舞台中。

❼ 一种是在【库】面板中双击元件，进入元件编辑模式；另一种是双击舞台中的实例，就地编辑。就地编辑元件时，实例周围的对象都还在，可以把它们用作参考。

❽ 实例的透明度由其 Alpha 值决定。从【属性】面板的【色彩效果】区域下的【颜式样式】下拉列表中选择【Alpha】，然后更改 Alpha 值即可更改实例的透明度。

使用补间动画制作元件动画

课程概览

本课主要讲解以下内容。

- 使用补间动画为对象的位置、缩放、旋转等属性制作动画
- 调整动画的节奏和时间安排
- 为透明度和滤镜制作动画
- 更改对象的运动路径

- 制作嵌套动画
- 拆分补间动画
- 应用缓动
- 制作 3D 动画

学习本课至少需要 2 小时

在 Animate 中，几乎可以为对象的每一个属性（如位置、颜色、透明度、尺寸、旋转等）制作动画。补间动画是一种为元件的实例创建动画的基本技术。

3.1 课前准备

我们看一看最终成品，了解一下本课我们要制作什么样的动画。

① 进入 Lesson03/03End 文件夹，双击 03End.mp4 文件，播放动画。这是一个高清视频，如图 3-1 所示。

图 3-1

这个动画是一个电影的片头，用来放在网站上为即将上映的电影做宣传。在本课中，我们将使用补间动画技术为画面中的各个元素制作动画，包括城市、演员、老式汽车、文字。

② 关闭 03End.mp4 文件。

③ 进入 Lesson03/03Start 文件夹，双击 03Start.fla 文件，在 Animate 中打开初始项目文件。这个项目文件是一个 ActionScript 3.0 文档，它只完成了一部分，里面已经添加了许多图形，可以在【库】面板中找到这些导入的图形。我们会使用 ActionScript 3.0 文档中的所有动画功能，然后把动画导出为 MP4 视频。

④ 从舞台上方的【缩放比率】下拉列表中选择【符合窗口大小】，或者从菜单栏中依次选择【视图】>【缩放比率】>【符合窗口大小】，这样就可以在当前窗口中看见整个画面了。

⑤ 从菜单栏中依次选择【文件】>【另存为】，在【另存为】对话框中，转到 03Start 文件夹下，输入文件名 03_workingcopy.fla，单击【保存】按钮。

在学习过程中，请不要直接使用初始项目文件，最好用它的副本。这样当你想从头开始时，仍然可以从初始项目文件开始。

3.2 关于动画

动画指对象随时间发生变化，这种变化可以很简单，例如一个球从舞台一侧滚动到另一侧（球的位置不断变化），也可以很复杂。在制作动画时，可以为对象的不同属性制作动画，例如对象在舞台中的位置，对象的颜色、透明度、大小、旋转角度，以及应用到对象上的滤镜。此外，还可以控制对象的运动路径，甚至控制运动的缓入或缓出（加速运动或减速运动）。

在 Animate 中，制作动画的基本流程是：先选择舞台中的某个对象，然后选择【创建补间动画】，把播放滑块移动到不同的时间点上，再把对象移动到一个新位置，或者改变对象的某个属性。Animate会帮助我们在不同的时间点之间插入过渡帧，确保变化平滑进行。

在 Ainmate 中，使用补间动画技术可以为对象在舞台中的位置、大小、颜色等属性制作动画。制作补间动画要求对象必须是元件的实例。如果选择的对象不是某个元件的实例，则 Animate 会自动把它转换成元件。

Animate 还会自动把运动补间分离到各自的图层上，这些图层叫补间图层。每个补间图层只有一个运动补间，而且补间图层上不能有其他元素。借助补间图层，可以在不同的时间点上更改实例的各种属性。例如，宇宙飞船在起始帧中位于舞台左侧，个头非常小；在结束帧中位于舞台右侧，个头非常大。制作补间动画后，宇宙飞船会从舞台左侧飞向舞台右侧，同时个头慢慢变大。

> 💡 **注意**　"补间"这个术语来自于传统动画。在制作传统动画时，高级动画师会为动画角色绘制初始姿势和结束姿势，它们是动画的关键帧。初级动画师会在两个关键帧之间绘制过渡帧，或者做一些补间工作。因此，补间工作的目标是实现关键帧之间的平滑过渡。

3.3　了解项目文件

03Start.fla 文件中包含一些动画，有些动画已经完全制作好了，有些动画只制作了一部分。这个文件中有 6 个图层（man、woman、Middle_car、Right_car、footer、ground），每个图层都包含一个动画。其中，man 与woman 图层位于 actors 文件夹中，Middle_car 与 Right_car 图层位于 cars 文件夹中，如图 3-2 所示。

接下来会在项目中添加更多图层，创建动态城市夜景，并对其中一位演员的动画进行调整，再向场景中添加一辆车和一个 3D标题。制作过程中需要的所有图形素材都已经导入【库】面板中了。舞台尺寸是标准的 HD 尺寸（1280 像素 ×720 像素），舞台背景颜色设置为黑色。可能需要设置一下缩放比率，才能看到整个舞台。

图 3-2

3.4　制作位置动画

先制作城市夜景动画。刚开始，城市夜景图片的上边缘比舞台的上边缘略低，然后城市夜景图片慢慢上升，直到两个上边缘重叠在一起。

❶ 在【时间轴】面板中，锁定当前所有图层，以防止意外更改。在 footer 图层上新建一个图层，将其重命名为 city。拖动蓝色播放滑块，使其位于第 1 帧处，如图 3-3 所示。

❷ 从【库】面板中，把 cityBG.jpg 图片从 bitmaps 文件夹拖到舞台上，如图 3-4 所示。

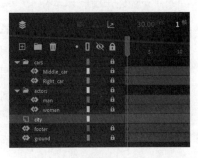

图 3-3

❸ 在【属性】面板中，把【X】与【Y】值分别设置为 0 和 90。

此时，城市夜景图片的上边缘略低于舞台的上边缘，如图 3-5 所示。

图 3-4   图 3-5

❹ 选择城市夜景图片，单击时间轴上方的图标，在弹出的菜单中选择【创建补间动画】，如图 3-6 所示；或者在场景中，使用鼠标右键单击城市夜景图片，从弹出的快捷菜单中选择【创建补间动画】；或者从菜单栏中依次选择【插入】>【创建补间动画】。

> 💡 提示   制作补间动画时，虽然 Animate 可以自动把对象转换成元件，但最好还是手动转换。这样不仅可以控制元件的名称和选择元件的类型，还能进一步了解【库】面板中的所有资源。

❺ Animate 会弹出一个对话框，警告所选对象（城市夜景图片）不是元件。制作补间动画要求对象必须是元件。Animate 会询问你是否想把选择的对象转换成元件，以便对其进行补间，如图 3-7 所示，单击【确定】按钮。

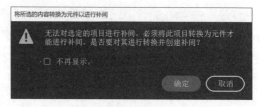

图 3-6   图 3-7

Animate 会自动把选择的对象转换成元件，默认名称是"元件 1"，并将其存放到【库】面板中。同时，Animate 还会把当前图层转换为补间图层，以便制作实例动画。在【时间轴】面板中，所有补间图层名称的左侧都有一个特殊图标，而且时间轴上的帧是金黄色的，如图 3-8 所示。补间覆盖的帧范围叫补间范围，由第一个关键帧到最后一个关键帧之间的所有彩色帧表示。补间图层是专门为补间动画保留的，不可以在其上绘制对象。

❻ 把蓝色播放滑块移动到补间范围的末尾，即第 191 帧处，如图 3-9 所示。

❼ 在舞台中选择城市夜景实例，按住 Shift 键，沿着舞台向上移动该实例。

按住 Shift 键可确保移动实例时沿着水平方向或垂直方向进行。

❽ 为了更加精确，在【属性】面板中，把城市夜景图片的【Y】值设置为 0。

此时，第 191 帧上出现了一个小小的黑色菱形，它代表第 191 帧是一个关键帧。

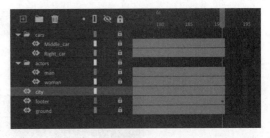

图 3-8   图 3-9

Animate 会在第 1 帧与第 191 帧之间插入一些过渡帧，以实现平滑移动。在舞台中，可以看到画面中出现了一条运动路径，如图 3-10 所示。

图 3-10

💡 提示 暂时隐藏其他图层，只显示城市夜景图层，便于更好地观察补间动画。

⑨ 在【时间轴】面板中，左右拖动播放滑块，可以看到城市夜景实例自下而上平滑地运动。此外，还可以从菜单栏中依次选择【控制】>【播放】，播放补间动画。

制作位置动画很简单，因为当你把实例移动到新位置时，Animate 会自动创建关键帧。如果想把一个对象移动到多个不同的位置，只需要先把播放滑块移动到目标帧处，然后再把对象移动到目标位置即可，Animate 会帮我们完成其他工作。

💡 提示 选择补间动画，然后在【属性】面板的【帧】选项卡下单击【删除补间】按钮，可删除补间动画。此外，还可以在【时间轴】面板或舞台中使用鼠标右键单击补间动画，然后从弹出的快捷菜单中选择【删除补间动画】。

预览动画

【时间轴】面板中有一系列播放控件。借助这些播放控件，能够以一种可控的方式预览动画，如正放、倒放、后退一帧、前进一帧等。当然，也可以使用【控制】菜单下的各种播放命令预览动画。

① 在【时间轴】面板中，可单击【播放】【后退一帧】【前进一帧】按钮播放动画。单击【后退一帧】或【前进一帧】按钮，可以把播放滑块快速移动到动画的第一帧和最后一帧处，如图 3-11 所示。

图 3-11

② 在【时间轴】面板中,单击【循环】按钮,如图 3-12 所示,然后单击【播放】按钮。

图 3-12

Animate 会在指定的区域内循环播放这段动画,以便分析这段动画。

> **💡提示** 此外,还可以使用【时间划动工具】(隐藏在【手形工具】下,快捷键为空格键 +T 键)在时间轴上向左或向右滑动来预览动画,也可以直接在舞台中左右拖动来预览动画。

③ 时间轴上有一段循环播放范围,移动起始标记和结束标记可指定循环播放范围。

设定好循环播放范围后,Animate 就会在这个范围内循环播放动画,再次单击【循环】按钮,可清除循环播放范围。

3.5 调整动画的节奏和时间安排

拖动时间轴上的关键帧,可以改变补间范围的持续时间或者动画的时间安排。

3.5.1 调整补间范围的持续时间

如果希望动画的节奏放慢一些(持续时间会更长),就需要扩大整个补间范围(初始关键帧与结束关键帧之间的范围)。如果希望缩短动画,就需要缩小补间范围。沿着时间轴,拖动补间动画的两个端点,即可延长或缩短补间动画。

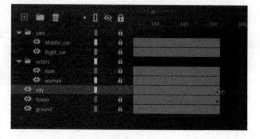

图 3-13

① 在【工具】面板中选择【选择工具】,把鼠标指针移向补间范围的末端(city 图层)。当鼠标指针变成双向箭头时,表示此时可以扩大或缩小补间范围,如图 3-13 所示。

② 按住鼠标左键,向左拖动补间范围的末端至第 60 帧处,如图 3-14 所示。

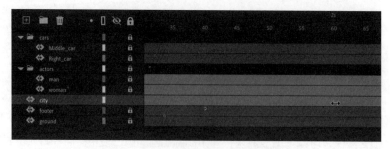

图 3-14

此时，补间动画缩短到 60 帧，城市夜景实例移动用的时间减少了，如图 3-15 所示。

图 3-15

③ 把鼠标指针移动到补间范围的始端，即第 1 帧处，如图 3-16 所示。

④ 当鼠标指针变成双向箭头时，按住鼠标左键，向右拖动至第 10 帧处，如图 3-17 所示。

此时，补间动画的起始点往后移了，整个补间动画从第 10 帧开始，如图 3-18 所示，到第 60 帧结束。

图 3-16

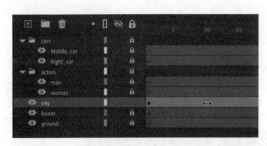

图 3-17

图 3-18

> ♀ 注意　若补间范围中有多个关键帧，则拖动补间范围的一端来改变补间范围时，Animate 会在改变后的补间范围内均匀地排布所有的关键帧。动画中事件的相对时间安排保持不变，改变的只是动画的持续时间。

3.5.2　添加帧

有时候需要让补间动画的最后一个关键帧保持到动画结束。此时，只需要按住 Shift 键，向右拖动补间范围的末端至动画末尾，添加一系列帧即可。

① 把鼠标指针移动到补间范围的末端处。

② 按住 Shift 键，向右拖动补间范围的末端至第 191 帧处。请确保补间范围外于未选择状态，如图 3-19 所示。

补间动画的最后一个关键帧仍然在第 60 帧处，Animate 从此处开始添加了一系列帧，一直添加到第 191 帧，如图 3-20 所示。

> ♀ 提示　从菜单栏中依次选择【插入】>【时间轴】>【帧】（按 F5 键），可以添加一个帧；从菜单栏中依次选择【编辑】>【时间轴】>【删除帧】（按 Shift+F5 组合键），可以删除一个帧。

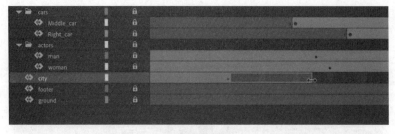

图 3-19

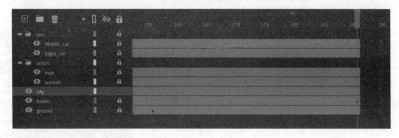

图 3-20

3.5.3　移动关键帧

如果希望改变一段动画的节奏，可以单独选择某些关键帧，然后把它们拖动到新位置。

❶ 单击第 60 帧处的关键帧。

选中第 60 帧处的关键帧，拖动关键帧。此时，在鼠标指针的右下角会出现一个小方框，表示可以移动关键帧，如图 3-21 所示。

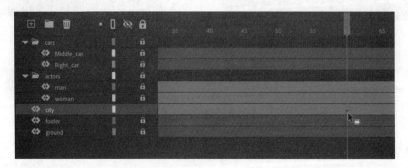

图 3-21

❷ 把关键帧拖动到第 40 帧处，如图 3-22 所示。

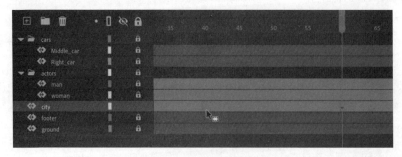

图 3-22

此时，补间动画的最后一个关键帧往左移了，播放动画时，播放滑块能够更早地到达这个关键帧，所以城市夜景实例移动得更快了。

基于帧的选择与基于整体范围的选择

在默认情况下，Animate 使用基于帧的选择，可以选择补间动画中的单个关键帧。如果希望单击补间动画时选中整个补间动画（包括初始关键帧、结束关键帧，以及两者之间的所有帧），则可以从【时间轴】面板右上角的帧视图菜单中选择【基于整体范围的选择】（或者按住 Shift 键，单击整个补间动画），如图 3-23 所示。

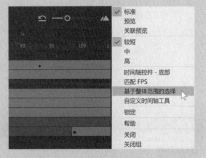

图 3-23

选择【基于整体范围的选择】后，单击补间动画的任意一个地方，都能把整个补间动画选中，然后将其作为一个整体，沿着时间轴向左或向右移动。

在选择【基于整体范围的选择】后，按住 Command 键（macOS）或 Ctrl 键（Windows），单击某个关键帧，将会单独选中这个关键帧。

在补间范围内移动关键帧与更改时间安排

有时，通过移动关键帧、扩大或缩小补间范围的方式安排动画的时间可能得不到想要的结果，最终结果取决于你在时间轴上选择的内容，以及拖动所选内容的方式。

如果只想移动补间范围内的某个关键帧，则确保只有那个关键帧处于选中状态，当鼠标指针的右下角出现小方框时，把关键帧拖动到新位置即可。

考虑下面这个动画：有一个小球从舞台的左侧移动到舞台的底部，然后移动到舞台的右侧，其移动路径是"V"字形。在时间轴中，可以使用 3 个关键帧来标记小球的这 3 个位置，如图 3-24 所示。

移动中间的关键帧，可以改变小球撞击舞台底部的时间点，如图 3-25 所示。

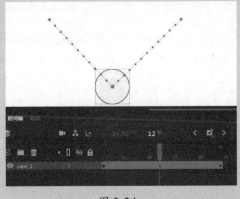

图 3-24

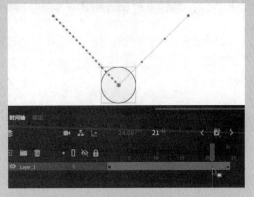

图 3-25

在补间范围内选中某个帧区间后，把鼠标指针移动到帧区间的右边缘附近，当鼠标指针变成双箭头时，按住鼠标左键左右拖动，可以缩短或延长这个帧区间。当缩短或延长后的帧区间达到原长度的某个倍数（如0.5倍、2倍、4倍等）时，会出现一个黑色标记，如图3-26（a）和图3-26（b）所示。

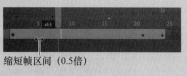
缩短帧区间（0.5倍）
图 3-26（a）

延长帧区间（2倍）
图 3-26（b）

了解帧速率

动画的播放速度与帧速率（位于【属性】面板【文档】选项卡下的【文档设置】区域中）密切相关，但是一般不会通过改变帧速率来改变动画的播放速度和持续时间。

帧速率是指在时间轴中播放滑块每秒钟经过的帧的数量。默认的帧速率是30帧每秒，时间轴中标有运行时间。帧速率用来衡量动画的流畅程度，帧速率越高，用来描述动作的帧就越多；相反，帧速率越低，用来描述动作的帧就越少，动画看起来就越不流畅。

慢动作影片都是用帧速率很高的摄影机拍摄的，而且拍摄的一般都是速度极快的对象，如射出的子弹、滴落的水滴等。

如果想修改动画的持续时间或播放速度，请不要更改帧速率，而是在时间轴中添加帧或删除帧。

如果希望更改帧速率，同时又想保持动画的持续时间不变，则可以在更改帧速率之前，在【属性】面板中勾选【缩放间距】，如图3-27所示。

图 3-27

3.6　制作透明度动画

对于示例中的城市夜景实例，我们希望它在初始关键帧中是完全透明的，而在结束关键帧中是完全不透明的。为此，可以在初始关键帧和结束关键帧之间添加多个帧，以实现平滑过渡，形成一种淡入效果。

❶ 把播放滑块移动到补间动画的首帧处（第10帧），如图3-28所示。

❷ 在舞台中单击城市夜景实例，将其选中。

❸ 在【属性】面板的【色彩效果】区域下，从【颜色样式】下拉列表中选择【Alpha】。

❹ 把Alpha值设置为0%，如图3-29所示。

此时，舞台中的城市夜景实例变得完全透明，但是仍然可以看见它周围的蓝色框线，如图3-30所示。

❺ 把播放滑块移动到补间动画的最后一个关键帧处（第40帧），如图3-31所示。

图 3-28

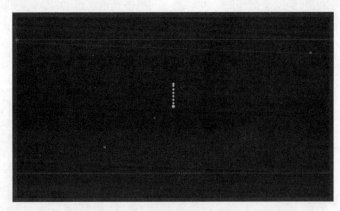

图 3-29

图 3-30

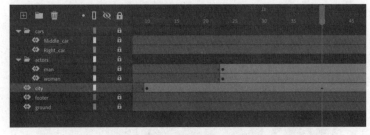

图 3-31

⑥ 检查一下舞台中的城市夜景实例是否仍然处于选中状态，确保其处于选中状态。

⑦ 在【属性】面板的【色彩效果】区域下，把 Alpha 值设置为 100%。

此时，舞台中的城市夜景实例变得完全不透明，如图 3-32 所示。

图 3-32

⑧ 从菜单栏中依次选择【控制】>【播放】，或者按 Return 键（macOS）/Enter 键（Windows），

预览动画效果。

Animate 自动在两个关键帧之间插入了多个过渡帧,使变化变得平滑、自然。

3.7 制作滤镜动画

在 Animate 中,可以向某个对象应用滤镜,使其拥有某种特殊效果(如模糊、投影等),还可以为滤镜制作动画。下面进一步调整演员的补间动画,向其中一位演员的补间动画应用模糊滤镜,模拟镜头变焦的效果。制作滤镜动画与制作位置动画、色彩效果动画是一样的。制作滤镜动画时,先在一个关键帧上为滤镜设置好某个值,然后在另一个关键帧上为滤镜设置不同的值,Animate 会在这两个关键帧之间添加过渡帧,实现平滑过渡。

> 💡 注意 在 HTML5 Canvas 文档中可以应用滤镜,但是不能制作滤镜动画。

① 在【时间轴】面板中,确保 actors 文件夹处于可见状态。

② 解锁 woman 图层。

③ 单击 woman 图层,把播放滑块移动到补

图 3-33

间动画的初始关键帧处,即第 23 帧处,如图 3-33 所示。

④ 在舞台中选中女演员,但此时她是看不见的,因为此时的 Alpha 值为 0%(完全透明)。单击舞台右上角,或者在【时间轴】面板中单击 woman 图层中的第 23 帧,选中处于透明状态的女演员,如图 3-34 所示。在【属性】面板中单击【对象】选项卡。

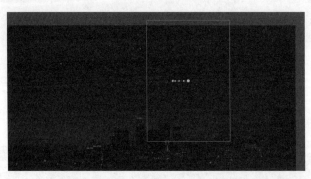

图 3-34

⑤ 在【属性】面板的【滤镜】区域中单击【添加滤镜】按钮(加号),从弹出的菜单中选择【模糊】,如图 3-35 所示,向女演员应用模糊效果。

⑥ 在【属性】面板的【滤镜】区域中,检查锁头图标的状态。若处于打开状态,则单击,使其锁定,以便把相同值应用到【模糊 X】和【模糊 Y】。把【模糊 X】的值设置为 20 像素,此时【模糊 Y】的值也变为 20 像素。

⑦ 沿着时间轴拖动播放滑块,预览动画。

图 3-35

此时，女演员在整个补间动画期间都是模糊的，如图 3-36 所示。

图 3-36

⑧ 在女演员处于选中的状态下，把播放滑块移动到第 140 帧处，单击【插入关键帧】图标（位于【时间轴】面板顶部）。

此时，Animate 会在第 140 帧处创建一个关键帧，如图 3-37 所示。

⑨ 把播放滑块移动到第 160 帧处，单击【插入关键帧】图标（位于【时间轴】面板顶部），再次添加一个关键帧，如图 3-38 所示。

图 3-37

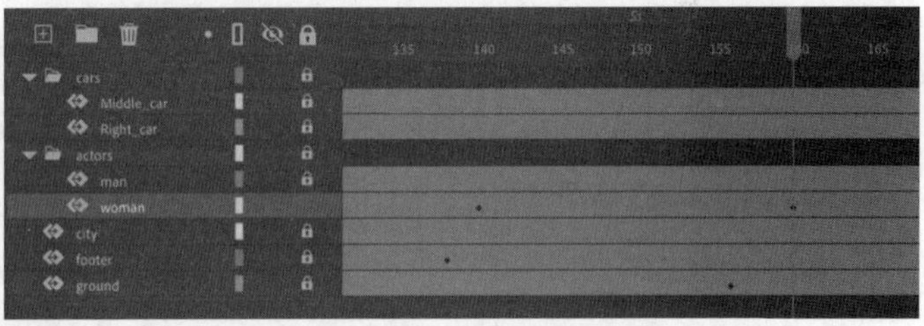

图 3-38

⑩ 在【属性】面板中单击【对象】选项卡。

⑪ 在【滤镜】区域中，把【模糊 X】和【模糊 Y】的值更改为 0 像素，如图 3-39 所示。

图 3-39

在第 140 帧到第 160 帧之间，模糊滤镜的值从 20 像素变为 0 像素。在模糊滤镜的值的变化过程中，Animate 会自动插入过渡帧，使女演员从模糊逐渐变清晰。

💡 提示　在【属性】面板的【滤镜】区域下，单击某个滤镜右侧的眼睛图标，可启用或禁用该滤镜，即打开或关闭该滤镜效果，这有助于检查滤镜效果是否理想。但是，启用或禁用滤镜不会影响到最终导出的动画。

💡 提示　可以在一个动画中添加多个滤镜，这些滤镜都会在【属性】面板的【滤镜】区域中列出来。在【滤镜】区域中上下拖动滤镜，可以改变滤镜的应用顺序。每个滤镜都是可以展开或折叠的，当不需要再修改滤镜时，可以把滤镜折叠起来，以节省面板空间。

了解属性关键帧

属性变化是彼此独立的，并不需要绑定到相同的关键帧上。也就是说，可以分别为位置属性添加一个关键帧，为色彩效果添加另外一个关键帧，为滤镜添加其他关键帧。管理多个不同类型的关键帧并非易事，尤其是当希望在补间动画的不同时间点让不同的属性发生变化时。为此，Animate 提供了几个非常有用的关键帧管理工具。

查看补间范围时，可以选择只查看特定属性的关键帧。例如，可以选择只查看位置关键帧，以便查看对象移动的时间点；或者选择只查看滤镜关键帧，以便观察滤镜的变化时间。在时间轴中，使用鼠标右键单击补间动画，在弹出的快捷菜单的【查看关键帧】菜单下选择需要查看的属性，或者选择【全部】或【无】，查看所有属性或者不查看属性，如图 3-40 所示。

插入关键帧时，可以指定要插到哪个属性上。在时间轴中，使用鼠标右键单击补间动画，在【插入关键帧】菜单下选择希望改变的属性。

此外，还有一个高级面板——运动编辑器。在运动编辑器中，可以查看与编辑对象不同属性在补间动画中的变化方式。下一课中会介绍更多有关运动编辑器的内容。

图 3-40

3.8　制作变形动画

下面学习如何制作缩放和旋转动画。可以使用【任意变形工具】或【变形】面板来制作这些变形动画。在制作时，我们会向场景中添加一辆汽车，让它朝着我们移动，同时尺寸由小变大。

❶ 在【时间轴】面板中，锁定所有图层。

❷ 在 cars 文件夹中新建一个图层，将其重命名为 Left_car，如图 3-41 所示。

③ 把播放滑块移动到第 75 帧处，插入一个关键帧（按 F6 键或者单击【插入关键帧】图标），如图 3-42 所示。

图 3-41   图 3-42

④ 从【库】面板中，把名为 carLeft 的影片剪辑元件拖动到舞台中。

⑤ 在【工具】面板中选择【任意变形工具】。

此时，新添加的汽车周围会出现变形控制框，如图 3-43 所示。

图 3-43

⑥ 按住 Shift 键，向内拖动一个角控制点，把汽车缩小一些。

⑦ 在【属性】面板中，把图形宽度设置成 400 像素左右。或者在【变形】面板（【窗口】>【变形】）中，把汽车缩小为 29% 左右。

⑧ 把汽车移动到初始位置（x=710、y=488），如图 3-44 所示。

图 3-44

⑨ 在【属性】面板的【色彩效果】区域中，从【颜色样式】下拉列表中选择【Alpha】。

⑩ 把 Alpha 值设置为 0%。

此时，汽车完全透明。

⑪ 单击时间轴顶部的图标，在弹出的菜单中选择【创建补间动画】，如图 3-45 所示。

图 3-45

此时，当前图层变成补间图层。

⑫ 移动播放滑块到第 100 帧处，如图 3-46 所示。

⑬ 在透明汽车仍处于选中的状态下，在【属性】面板中，把 Alpha 值设置成 100%。

图 3-46

此时，Animate 会自动在第 100 帧处插入一个关键帧，并记录透明度数值。

⑭ 按住 Shift 键，向外拖动角控制点，让汽车变大一些。为了更加精确，可以在【属性】面板中，把汽车的宽度与高度分别设置成 1380 像素与 445.05 像素。

⑮ 移动汽车（*x*=607、*y*=545），如图 3-47 所示。

图 3-47

Animate 会在第 75 帧与第 100 帧之间，对位置、缩放、透明度的变化进行补间。

⑯ 把 Left_car 图层移动到 Middle_car 图层与 Right_car 图层之间，如图 3-48 所示，使中间的汽车盖住两边的汽车。

图 3-48

按 Ctrl+S 组合键，保存当前项目。

> ♀ 提示　拖动变形控制框的角控制点时按住 Option 键（macOS）/Alt 键（Windows），可使变形基于对角线另一端的控制点进行。在一般情况下，变形是基于对象的变换点（通常是中心点）进行的。

3.9　编辑多个帧

当需要对多个关键帧做同样的改变时，可以使用时间轴顶部的【编辑多个帧】功能。借助这个功能，可以轻松地对同一个图层或多个图层上的多个关键帧进行编辑。

如果想把本项目中的汽车动画移动到舞台的不同位置，不必逐帧移动每个对象，使用【编辑多个帧】功能可以同时移动它们。

移动汽车动画

下面移动汽车动画，使它们位于舞台中央。

❶ 除了 cars 文件夹中的图层之外，锁定其他所有图层，如图 3-49 所示。

❷ 在时间轴的顶部找到【编辑多个帧】图标，把鼠标指针移动至其上，按住鼠标左键，从弹出的菜单中选择【所有帧】，如图 3-50 所示。

此时，时间轴上会出现一对括号，指示可编辑的帧范围。选择【所有帧】之后，Animate 会自动把括号放到时间轴的起点与终点处，把时间轴上的所有帧都包含进去。

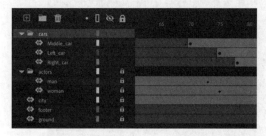

图 3-49

图 3-50

如果只想选择一部分帧，则可以在【编辑多个帧】下选择【选定范围】。选择【选定范围】之后，可以自由地移动括号，指定要包含的帧范围。

❸ 从菜单栏中依次选择【编辑】>【全选】［按 Command+A（macOS）/Ctrl+A（Windows）组合键］。

此时，cars 文件夹中图层上的所有帧都处于选中状态，舞台中的效果如图 3-51 所示。

图 3-51

❹ 按住 Shift 键，向舞台左侧拖动选中的一组汽车，使其位于舞台中央，如图 3-52 所示。

此时，同时移动了 3 个图层上的多个关键帧中的多个对象。

❺ 取消选择【编辑多个帧】。

⑥ 沿着时间轴，把播放滑块从第 70 帧拖动到第 191 帧，观看动画效果，如图 3-53 所示。

图 3-52

图 3-53

3 辆汽车仍然有尺寸、色彩效果、位置等动画，只是它们移动到了舞台中央。

保存当前项目。下一节，我们使用另外一个项目文件。

3.10 调整运动路径

在为左侧汽车制作补间动画时，会看到一条带有圆点的彩色线条，它代表运动路径。在 Animate 中，可以轻松地编辑运动路径，使汽车沿着路径运动。

为了更好地演示如何编辑运动路径，Lesson03/03Start 文件夹中准备了一个示例项目文件——03MotionPath.fla。在这个项目文件中，只有一个补间图层，里面有一艘太空船从舞台左上方移动到右下方，如图 3-54 所示。

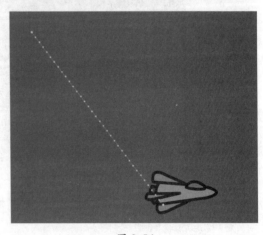

图 3-54

3.10.1 移动运动路径

下面移动运动路径，在保证太空船运动方向不变的前提下，改变其起始位置和终止位置。

① 在【工具】面板中选择【选择工具】。

② 单击太空船的运动路径，将其选中。

此时，运动路径高亮显示。

③ 拖动运动路径，将其移动到舞台中的另外一个位置，如图 3-55 所示。

移动运动路径之后，太空船的运动方向保持不变，运动动画的时间安排也一样，只是其起始位置和结束位置变了。

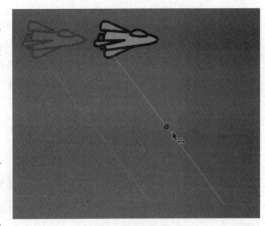

图 3-55

3.10.2 缩放与旋转运行路径

在 Animate 中，可以使用【任意变形工具】调整对象的运动路径。

① 选择运动路径。

② 选择【任意变形工具】。

此时，运动路径周围会出现变形控制框，如图 3-56 所示。

③ 根据需要，缩放或旋转运动路径，如图 3-57 所示。

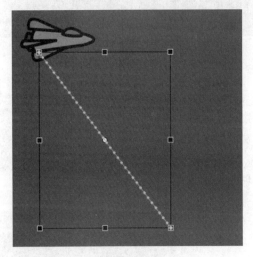

图 3-56

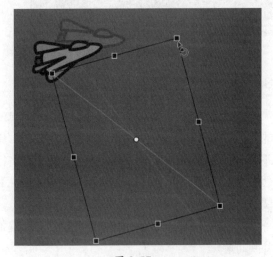

图 3-57

3.10.3 编辑运动路径

在 Animate 中，让对象沿着曲线路径运动是一件很简单的事。编辑运动路径时，可以使用贝塞尔曲线精确调整路径，也可以使用【选择工具】以更加直观的方式编辑路径。

① 选择【转换锚点工具】，该工具隐藏在【钢笔工具】之下，如图 3-58 所示。

图 3-58

💡 提示　此外，还可以使用【选择工具】直接操控运动路径。选择【选择工具】，确保运动路径未被选中，移动鼠标指针，使其靠近运动路径，当鼠标指针右下角出现一条弧线时，表示可以编辑运动路径。按住鼠标左键，拖动运动路径，可改变运动路径的弯曲程度。请认真选择拖动的点，每次拖动都会把路径拆分成较小的路径段，这增加了产生一条平滑曲线的难度。

❷ 在舞台中，把鼠标指针分别移动到运动路径的起点和终点上，按住鼠标左键，从每个锚点上拖出控制手柄。

锚点上的控制手柄控制着运动路径的曲率，如图 3-59 所示。

❸ 在【工具】面板中选择【部分选取工具】。

❹ 拖动运动路径任意一端的控制手柄，调整曲线，使太空船沿着一条平滑的曲线运动，如图 3-60 所示。

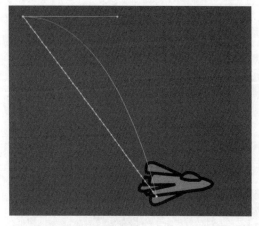

图 3-59

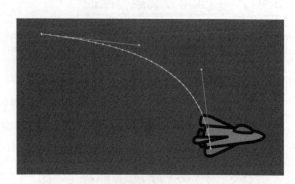

图 3-60

3.10.4　调整到路径

有时，我们希望对象沿着运动路径运动时其朝向也发生相应的变化。在电影宣传动画中，汽车往前运动时，其车头的朝向是不变的。但是，在太空船飞行项目中，太空船飞行时，其船头的朝向应该和飞行方向保持一致。可以使用【属性】面板中的【调整到路径】功能来实现这种效果。

❶ 在时间轴上选择补间动画（按住 Shift 键单击，选择整个补间动画）。

❷ 在【属性】面板的【补间】区域下，勾选【调整到路径】，如图 3-61 所示。

图 3-61

💡 提示　在把太空船（或其他对象）的头部对准运动路径时，必须调整它的位置，使其朝向它的运动方向。选择【任意变形工具】，旋转太空船，使其朝向正确的方向。

在整个补间动画中，Animate 会自动为旋转添加关键帧，使太空船的船头朝着飞行方向，如图 3-62 所示。

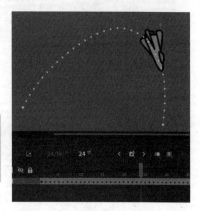

图 3-62

3.11　替换补间动画的对象

在 Animate 中，补间动画都是基于对象的。也就是说，一个对象和其运动路径是相互独立的，可以轻松地换掉一段补间动画的对象。例如，不想在舞台中看到太空船，希望看见一个外星人在舞台中走来走去，那么可以使用【库】面板中的外星人元件替换掉舞台中的太空船，使其拥有相同的动画。当希望在角色设计完成之前先确定它的动作时，这会特别有用。在制作动画时，可以先使用占位对象，然后在最后阶段把占位对象替换成设计好的对象。

> ♀ 注意　此外，还可以使用【属性】面板中的【交换元件】功能替换对象。先在舞台中选择希望替换的对象，然后在【属性】面板中单击【交换元件】按钮，在弹出的【交换元件】对话框中选择一个新元件，单击【确定】按钮，Animate 会帮助我们替换补间动画的对象。

❶ 在【库】面板中，找到名为 alien 的影片剪辑元件，然后将其拖动到舞台中的太空船上，如图 3-63 所示。

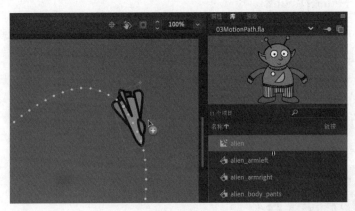

图 3-63

此时，会弹出一个对话框，询问是否要用新对象替换当前补间目标对象，如图 3-64 所示。

❷ 单击【确定】按钮。

此时，Animate 会使用外星人替换掉太空船。播放动画时，可以发现运动路径没有变，变的只是补间动画的对象，如图 3-65 所示。

图 3-64

图 3-65

3.12　制作嵌套动画

有些在舞台中运动的对象自身还有动画。例如，一只蝴蝶在舞台中移动时，它会边移动边扇动翅膀。前面用外星人替换掉了太空船，外星人沿着运动路径移动时是静止不动的，但我们可以给外星人本身制作动画，让它一边沿着运动路径移动一边挥舞手臂。这样的动画叫作"嵌套动画"，因为它们包含在影片剪辑元件内部。影片剪辑元件有自己的时间轴，而且是独立于主时间轴的。

下面给外星人制作一个挥舞手臂的动画，让它在舞台中边移动边挥舞手臂。

在影片剪辑元件内制作动画

外星人的身体由多个部分组成，下面为外星人的两只手臂制作动画，让它们挥舞起来。

❶ 在【库】面板中，双击 alien 影片剪辑元件图标。

此时，进入元件编辑模式。外星人显示在舞台中央，在【时间轴】面板中可以看到外星人的各个组成部分，这些组成部分分别位于不同的图层上，如图 3-66 所示。

❷ 在【工具】面板中选择【选择工具】。

❸ 选择外星人的左手臂，选择【创建补间动画】，如图 3-67 所示。

图 3-66

图 3-67

Animate 会把当前图层转换成补间图层，并插入时长为 1 秒的多个帧，方便我们制作动画，如图 3-68 所示。

④ 在【工具】面板中选择【任意变形工具】。

⑤ 把鼠标指针移动到角控制点附近，当鼠标指针的右下角出现旋转图标时，按住鼠标左键，向上拖动，旋转手臂，如图 3-69 所示。

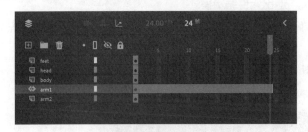

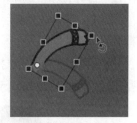

图 3-68

图 3-69

此时，Animate 会在补间动画的末尾添加一个关键帧。这样，外星人的左手臂就能流畅地摆动了。

⑥ 把播放滑块移动到第 1 帧处。

⑦ 为外星人的另一只手臂制作补间动画。选择外星人的右手臂，选择【创建补间动画】。
Animate 会把当前图层转换成补间图层，并插入时长为 1 秒的多个帧。

⑧ 在【工具】面板中选择【任意变形工具】。

⑨ 把鼠标指针移动到角控制点附近，当鼠标指针的右下角出现旋转图标时，按住鼠标左键，向上拖动，旋转右手臂，如图 3-70 所示。

此时，Animate 会在补间动画的末尾添加一个关键帧。这样，外星人的右手臂就能流畅地摆动了。

⑩ 选择其他所有图层上的最后一帧，按 F5 键，插入帧。这样，当外星人挥舞手臂时，我们仍能在舞台中看见外星人的头部、身体和脚，如图 3-71 所示。

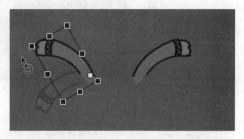

图 3-70

图 3-71

⓫ 在舞台顶部的编辑栏中单击回退箭头，退出元件编辑模式。

到这里，外星人挥舞手臂的动画就制作好了。之后，不论在哪里使用这个影片剪辑元件，它都会有挥舞手臂的动画。

⓬ 从菜单栏中依次选择【控制】>【测试】，或者单击软件界面右上角的【测试影片】按钮，预览整段动画，如图 3-72 所示。

图 3-72

Animate 会打开一个窗口，显示导出的动画。动画中的外星人一边沿着指定的运动路径移动，一边不断地挥舞着手臂。

⓭ 保存并关闭当前项目。返回到之前的动画中，准备学习下一节的内容。

3.13 缓动

缓动指补间动画的推进方式。可以把缓动的变化看成运动的加速或减速。当一个对象从舞台一边移动到另一边时，它可以慢慢启动，逐渐加速，然后突然停止；也可以快速启动，逐渐减速，然后停下来。关键帧指出了运动的起点与终点，缓动控制着对象如何从一个关键帧到达下一个关键帧。

向补间动画应用缓动的一种简单方法是使用【属性】面板。缓动值的取值范围是从 −100 到 100，负值表示平缓加速（缓入），正值表示平缓减速（缓出）。

向补间动画应用缓动的更高级的一种方法是使用运动编辑器，相关内容会在下一课中讲解。

3.13.1 拆分补间动画

缓动效果会影响到整段补间动画。如果希望缓动效果只影响补间动画的一部分帧，那就需要拆分补间动画。以影片宣传动画（03_workingcopy.fla）为例，Left_car 图层中汽车的补间动画从第 75 帧开始，到第 191 帧（动画的最后一帧）结束。但是，实际上，左侧汽车的补间动画到第 100 帧就结束了。下面拆分补间动画，只把缓动效果应用到第 75 帧到第 100 帧。

❶ 在 Left_car 图层上，选择第 101 帧，该帧是汽车停止运动的关键帧的下一帧，如图 3-73 所示。

图 3-73

❷ 使用鼠标右键单击第 101 帧，从弹出的快捷菜单中选择【拆分动画】，如图 3-74 所示。

此时，Animate 会把补间动画拆分成前后两部分，前一部分的末尾和后一部分的开头是相同的，如图 3-75 所示。

❸ 在 Middle_car 图层上，选择第 94 帧，使用鼠标右键单击该帧，从弹出的快捷菜单中选择【拆分动画】，把补间动画拆分成两部分。

❹ 在 Right_car 图层上，选择第 107 帧，使用鼠标右键单击该帧，从弹出的快捷菜单中选择【拆分动画】，把补间动画拆分成两部分。

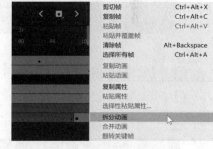

图 3-74

图 3-75

现在，3 辆汽车的补间动画都被拆分成了两部分，如图 3-76 所示。

图 3-76

3.13.2 向补间动画应用缓动

下面向汽车的补间动画添加缓出效果，让汽车具有重量感，慢慢减速，模拟真实的汽车。

❶ 在 Middle_car 图层上，在第一段补间动画（第 70 帧到第 93 帧）的第一个关键帧和第二个关键帧之间选择任意一帧，如图 3-77 所示。

图 3-77

❷ 在【属性】面板的【缓动】区域中，把缓动值设置为 100，如图 3-78 所示。

此时，就向第一段补间动画应用上了缓出效果。

❸ 在 Left_car 图层上，在第一段补间动画（第 75 帧到第 100 帧）的第一个关键帧和第二个关键帧之间选择任意一帧，如图 3-79 所示。

图 3-78

图 3-79

❹ 在【属性】面板的【缓动】区域中，把缓动值设置为 100，把缓出效果应用到第一段补间动画上。

❺ 在 Right_car 图层上，在第一段补间动画（第 78 帧到第 106 帧）的第一个关键帧和第二个关键帧之间选择任意一帧，如图 3-80 所示。

图 3-80

❻ 在【属性】面板的【缓动】区域中，把缓动值设置为 100，把缓出效果应用到第一段补间动画上。

❼ 在【时间轴】面板顶部，单击【循环】按钮，把循环区间的起点移动到第 60 帧处，把终点移动到第 115 帧处。

❽ 单击【播放】按钮。

Animate 会循环播放第 60 帧与第 115 帧之间的补间动画，以便检查一下 3 辆汽车的缓出效果是否令人满意。在动画中，随着播放滑块离最终关键帧越来越近，汽车的速度会逐渐慢下来，给人一种重量感，看起来非常自然、真实。

3.14　制作逐帧动画

在 Animate 中，可以在每个关键帧之间添加增量变化来产生运动假象，这样的动画叫作"逐帧动画"。Animate 中的逐帧动画类似于传统的手绘动画，在传统的手绘动画中，每个画面都绘制在单独的一张纸上。虽然画起来有点枯燥乏味，但是最终呈现的效果还是相当不错的。

制作逐帧动画时，文件的大小会迅速增加，因为 Animate 必须保存每个关键帧的内容。所以，请慎重使用逐帧动画，尽量少用。

接下来，在 carLeft 影片剪辑元件中插入一段逐帧动画，使汽车有上下震颤的感觉。在循环播放动画时，汽车会轻微地抖动，模拟发动机怠速的样子。

3.14.1　插入一个关键帧

carMiddle 与 carRight 影片剪辑元件内部的逐帧动画已经制作好了。下面只为 carLeft 影片剪辑元件制作逐帧动画。

❶ 在【库】面板中，双击 carRight 影片剪辑元件，观看其中已经制作好的逐帧动画，如图 3-81 所示。

在 carRight 影片剪辑元件的动画中，使用 3 个关键帧记录了汽车和车灯的 3 个不同位置。3 个关键帧的分布并不均匀，以模拟真实的震颤感。

❷ 在【库】面板中，双击 carLeft 影片剪辑元件，进入元件编辑模式，如图 3-82 所示。

图 3-81

图 3-82

❸ 同时选中 lights 图层和 smallRumble 图层的第 2 帧。

❹ 单击【插入关键帧】图标（按 F6 键）。

此时，Animate 会在 lights 图层和 smallRumble 图层的第 2 帧中添加一个关键帧，并把前面关键帧的内容复制到新关键帧中，如图 3-83 所示。

💡提示 　若汽车未在舞台中显示出来，请从舞台右上角的【缩放比率】
下拉列表中选择【符合窗口大小】。

3.14.2　调整图片位置

在新关键帧中，调整图片的位置来制作动画。

❶ 在第 2 帧中，同时选中舞台中的 3 张图片［一个汽车和两
个车灯，选中方法为选择【编辑】>【全选】或者按 Command+A
（macOS）/Ctrl+A（Windows）组合键］，把它们沿着舞台向下移
动 1 像素。移动时，可以在【属性】面板中把【Y】值减 1；也可以
按一次键盘上的向下箭头键，移动 1 像素。

图 3-83

此时，汽车和车灯向下轻微地移动了。

❷ 重复上面的过程，先添加关键帧，再调整图片的位置。为了模拟出真实的震颤效果，至少添
加 3 个关键帧。

在 lights 图层和 smallRumble 图层中，选择第 4 帧。

❸ 单击【插入关键帧】图标（按 F6 键）。

Animate 会向 lights 图层和 smallRumble 图层的第 4 帧插入关键帧，并把前面关键帧的内容复制
到新关键帧中。

❹ 选择舞台中的 3 张图片，把它们沿着舞台向上移动 2 像素。移动时，可以使用【属性】面板，
也可以按两次键盘上的向上箭头键。

此时，汽车和车灯向上轻微地移动了。

❺ 现在，影片剪辑元件内部的两个图层上有 3 个关键帧，如
图 3-84 所示。

图 3-84

在【时间轴】面板顶部，单击【循环】按钮，再单击【播放】按钮，
观看汽车震颤效果。从菜单栏中依次选择【控制】>【测试】，预览整段动画。

💡提示 　从菜单栏中依次选择【控制】>【向前步进至下一个关键帧】［按 Command+.（macOS）/
Ctrl+.（Windows）组合键］或者【向后步进至上一个关键帧】［按 Command+,（macOS）/Ctrl+,
（Windows）组合键］，可以在多个关键帧之间快速跳转。此外，还可以单击【时间轴】面板顶部的【前
进一帧】或【后退一帧】按钮来移动到下一个关键帧或上一个关键帧。

💡注意 　在本节中，我们通过手动逐帧移动汽车来制作汽车震颤效果。在下一课中，我们会学习使
用【优化补间动画】面板（可自动调整补间动画）来模拟真实的运动，如弹跳、随机抖动（像汽车
震颤）。

3.15　制作 3D 动画

最后，在场景中添加文本，并在 3D 空间中为其制作动画。在 3D 空间中制作动画需要用到第三

条坐标轴（Z），这无疑增加了制作动画的难度。使用【3D 旋转工具】或【3D 平移工具】时，需要了解【工具】面板底部的【全局转换】按钮（请阅读"全局转换与局部转换"）。【全局转换】按钮用来在全局模式（选中按钮时）和局部模式（未选中按钮时）之间切换。在全局模式下，移动一个对象时，参照的是全局坐标系；而在局部模式下，移动一个对象时，参照的是其自身。

全局转换与局部转换

在【工具】面板中，选择【3D 旋转工具】或【3D 平移工具】之后，【工具】面板底部就会出现一个【全局转换】按钮。当选中【全局转换】按钮（高亮显示）时，就会进入全局模式，此时 3D 对象的旋转和移动参照的是全局坐标系（或舞台）。无论如何旋转或移动对象，在对象的 3D 视图中总是显示着三条坐标轴。请注意图 3-85 中 3D 显示是怎样与舞台保持垂直的。

当未选中【全局转换】按钮时（非高亮显示），进入局部模式，对象的旋转与移动都是参照对象自身进行的。3D 视图中三条坐标轴的朝向相对于对象，而非舞台。例如，在图 3-86 中，【3D 旋转工具】显示的旋转是相对于对象而非舞台的。

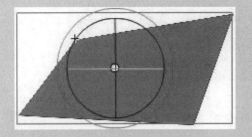

图 3-85

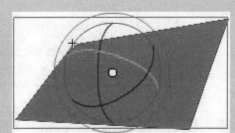

图 3-86

❶ 在编辑栏中，单击【Scene 1】，返回到主时间轴。在【时间轴】面板中新建一个图层，并将其放到其他所有图层之上，将其重命名为 title，如图 3-87 所示。

❷ 锁定其他所有图层。

❸ 在第 120 帧处插入一个关键帧，如图 3-88 所示。

图 3-87

图 3-88

❹ 从【库】面板中，把名为 movietitle 的影片剪辑元件拖入舞台中。

此时，一个 movietitle 的实例就出现在了新创建的图层上（位于第 120 帧处）。

❺ 把文本移动到空白天空处（x=180、y=90），如图 3-89 所示。

❻ 在文本处于选中的状态下，选择【创建补间动画】。

Animate 会把当前图层转换成补间图层，以便制作动画。

❼ 把播放滑块移动到第 140 帧处，如图 3-90 所示。

图 3-89

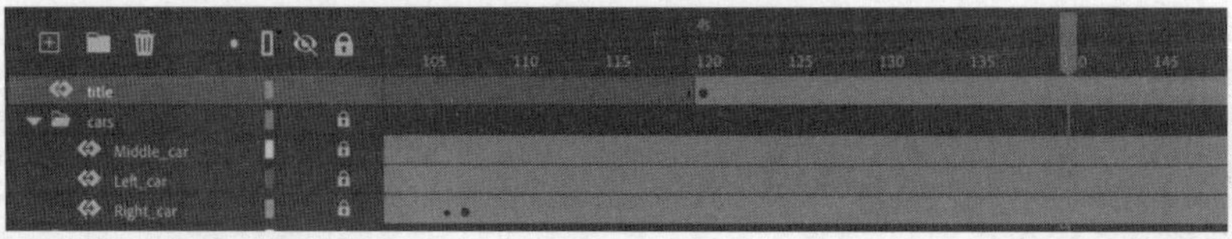

图 3-90

⑧ 在【工具】面板中选择【3D 旋转工具】，如图 3-91 所示。请注意，默认情况下【3D 旋转工具】在【拖放工具】面板中，需要把它拖入【工具】面板中才能使用。

此时，选择的文本上出现了 3D 旋转控件，如图 3-92 所示。

图 3-91

图 3-92

⑨ 在【工具】面板底部取消选中【全局转换】按钮，进入局部模式。

⑩ 向上拖动 y 控件的左半部分，使文本绕着 y 轴旋转一定角度，让其有种向远处延伸的感

觉，如图 3-93 所示。旋转角度大约为 -50°，可以在【变形】面板（【窗口】>【变形】）中查看旋转的角度值。

图 3-93

⑪ 把播放滑块移动到第 1 个关键帧处，即第 120 帧处。

⑫ 向上拖动 y 控件的右半部分，使文本绕着 y 轴按相反的方向旋转，让文本看起来像一个薄片。

此时，3D 旋转变成了一个补间动画，使得文本在 3D 空间中有了摆动效果，如图 3-94 所示。

图 3-94

> 💡 **注意** 目前，HTML5 Canvas 文档还不支持为元件制作 3D 旋转或变换动画。

3.16 导出动画

在 Animate 中预览动画的方法有多种，例如，沿着时间轴拖动播放滑块，从菜单栏中选择【控制】>【播放】，使用【工具】面板中的【时间划动工具】。当然，你还可以使用【时间轴】面板顶部的播放控件预览动画。但是这些方法和工具都是用来预览动画的，如果想把动画变成最终影片，就必须把它导出。

下面使用【快速共享和发布】命令来创建 MP4 影片文件。Animate 会启动 Adobe Media Encoder 来转换动画。Adobe Media Encoder 是一个独立的程序，属于 Adobe Creative Cloud 的一部分。

图 3-95

❶ 在软件界面的右上角，依次选择【快速共享和发布】>【发布】>【视频 (.mp4)】，如图 3-95 所示。

单击【发布】按钮，Adobe Media Encoder 会自动启动，并把动画添加到【队列】面板中，如图 3-96 所示。

图 3-96

❷ 编码过程会自动开始。若未自动开始，请单击【启动队列】按钮（绿色三角形），或者按 Return 键（macOS）或 Enter 键（Windows）。

Adobe Media Encoder 会把动画转换成 H.264 格式的视频（.mp4），转换完成后，会弹出一个消息框通知导出完成，如图 3-97 所示。

图 3-97

到这里，整个动画项目就制作完成了。接下来就可以把导出的影片上传到视频分享网站，或者放到影片上映宣传网站上，供他人观看了，如图 3-98 所示。

> 💡 **注意** 发布 MP4 影片时，可以使用【文件】>【导出】>【导出视频 / 媒体】命令。使用这个命令时，可以在【导出媒体】对话框中修改各种导出设置，如大小、格式等。

图 3-98

3.17　复习题

❶ 制作补间动画的两个要求是什么?

❷ 在一个 ActionScript 3.0 文档中,补间动画能够改变哪些属性?

❸ 什么是属性关键帧?

❹ 如何编辑对象的运动路径?

❺ 缓动对补间动画有什么用?

3.18　答案

❶ 一是对象是舞台中元件的实例,二是有自己的图层(补间图层)。在补间图层上,不能存在其他补间或绘制对象。

❷ 补间动画可以在一个对象的多个属性的不同关键帧之间实现平滑过渡,这些属性包括位置、缩放、旋转、透明度、亮度、色彩、滤镜、3D 旋转或平移。

❸ 关键帧记录对象的某个或多个属性的变化。属性关键帧针对的是对象的某个属性,因此在补间动画中,位置关键帧和透明度关键帧是不一样的。

❹ 编辑对象的运动路径时,选择【选择工具】,直接拖动运动路径,可使运动路径弯曲。还可以选择【转换锚点工具】或【部分选取工具】,拖动锚点处的控制手柄,改变运动路径的形状。

❺ 在补间动画中,缓动控制着对象变化的速度。无缓动时,补间动画中的变化是线性的,即单位时间内变化的量是一样的。缓入效果指对象动画缓慢开始,缓出效果指对象动画缓慢结束。

第 4 课

父子图层与制作传统补间动画

课程概览

本课主要讲解以下内容。

- 补间动画和传统补间动画的不同
- 使用传统补间制作角色动画
- 使用父子图层创建与编辑对象的层次结构
- 交换实例
- 同步嘴形

学习本课至少需要 **1.5** 小时

　　传统补间是一种在角色动画师中广受欢迎的传统动画制作方法。当不需要对补间动画进行精细（或高级）控制时，就可以使用这种简单方法为元件的实例制作动画。制作角色动画时，把传统补间、父子图层、自动嘴形同步等技术结合起来使用，可以制作出逼真、真实的角色动画。

4.1 课前准备

我们先看一看最终成品，了解一下本课我们要制作什么样的动画。

❶ 进入 Lesson04/04End 文件夹，双击 04End.mp4 文件，播放视频动画，如图 4-1 所示。

在动画中，猴子先挥一下手，然后说一段哈姆雷特的名言，在这期间有一只烦人的苍蝇在周围飞来飞去。

> 💡 注意 猴子角色由 Chris Georgenes 设计制作，此处使用已经获得其许可。

❷ 关闭 04End.mp4 文件。

在制作本项目的过程中，我们将学习制作传统补间动画，使用父子图层创建对象的层次结构，以及同步声音与角色嘴形。

图 4-1

4.2 父子图层

角色动画非常依赖对象的层次结构，对象的层次结构描述了一个对象如何与另外一个对象连接在一起。例如，你的手连接到前臂，前臂连接到上臂，上臂又连接到你的躯干。当你移动上臂时，你的前臂和手也会跟着一起移动；当你移动躯干时，所有与躯干相连的部分也会跟着一起移动。

在定义对象的连接方式时，会形成一个层次结构，通常我们把这种层次结构称为"关系"：躯干是上臂的父层，上臂是躯干的子层。

在 Animate 中，我们使用【时间轴】面板中的父级视图来建立图层之间的层次关系。在父级视图下，我们可以把子图层连接到父图层。图层之间的彩色线表示图层之间的关系。移动、旋转、缩放父图层中的对象时，子图层中的对象也会跟着一起变化。

图 4-2 所示为最终项目中图层之间的层次关系。

父级视图

图 4-2

4.2.1 在父级视图中连接猴子身体的各个部分

制作猴子动画的第一步是在猴子身体的各个部分之间建立关系。

❶ 打开 04Start.fla 文件，然后将其另存为 04_workingcopy.fla 文件。

这个文件中包含的所有图形、元件都可以在【库】面板中找到。元件的实例已经放到舞台中了，而且已经排列好了。每个实例单独位于一个图层上，如图 4-3 所示。

❷ 在【时间轴】面板中，单击【显示父级视图】按钮，如图 4-4 所示。

图 4-3

此时，按钮处于选中状态，表示父级视图已开启。图层名称后面也多出了一些空间。

❸ 把 monkey_mouth 图层的彩色矩形拖动到 monkey_head 图层的彩色矩形上，如图 4-5 所示。

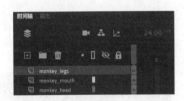

图 4-4

图 4-5

此时，出现一条曲线，该曲线把 monkey_mouth 图层连接至 monkey_head 图层。monkey_mouth 图层成为 monkey_head 图层的子图层，如图 4-6 所示。

❹ 把 monkey_head 图层的彩色矩形拖动到 monkey_body 图层的彩色矩形上，如图 4-7 所示。

此时，出现一条曲线，该曲线把 monkey_head 图层连接至 monkey_body 图层，如图 4-8 所示。当前有 3 个图层连接在一起：嘴连接到头，头连接到躯干。给图层起个合适的名字是很重要的，这有助于我们通过图层名称就能轻松知道舞台中对象之间的关系。

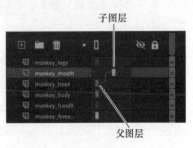

图 4-6

❺ 使用同样的方法，把 monkey_handR 图层连接到 monkey_forearmR 图层，然后把 monkey_ forearmR 图层连接到 monkey_armR 图层，最后把 monkey_armR 图层连接到 monkey_body 图层，如图 4-9 所示。

图 4-7

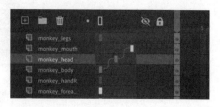

图 4-8

请注意，我们一直在把子图层连接到父图层，而不是反过来。

此时，猴子的右手臂已经连接到了身体上。请注意，一个图层（如 monkey_body 图层）可以有多个子图层，但是一个子图层只能有一个父图层。

❻ 使用相同的方法，把 monkey_handL 图层连接到 monkey_forearmL 图层，然后把 monkey_forearmL 图层连接到 monkey_armL 图层，最后把 monkey_armL 图层连接到 monkey_body 图层，如图 4-10 所示。

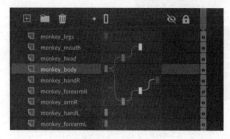

图 4-9

图 4-10

此时，父级视图如图 4-10 所示。除了 monkey_legs 图层之外，所有的图层都连接到了 monkey_body 图层。

4.2.2 编辑图层之间的父子关系

在 Animate 中，可以轻松地更改或删除图层之间的父子关系。

· 在父级视图下，单击图层名称右侧的灰色区域，从弹出的菜单中选择【删除父级】，可以删除图层之间的父子关系，如图 4-11 所示。

> ♀ 注意 在父级视图下，图层之间的连接是基于关键帧的，可以在新的关键帧中取消或改变它们。

图 4-11

· 在父级视图下，单击图层名称右侧的灰色区域，从弹出的菜单中选择【更改父级】，然后选择另外一个图层作为其父图层，这样就更改了图层的父子关系，如图 4-12 所示。

· 更改图层之间的父子关系时，还可以直接把一个图层的彩色矩形拖动到另外一个图层的彩色矩形上。

> ♀ 注意 更改一个图层的父图层后，该图层的子图层也会一起连过来。

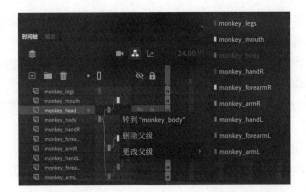

图 4-12

4.2.3 编辑图层之间的堆叠顺序

图层之间的父子关系与图层之间的堆叠顺序是互相独立的。图层的堆叠顺序决定着对象在舞台中的重叠关系。

可以在【时间轴】面板中改变图层之间的堆叠顺序来改变各图层对象在舞台中的重叠关系，同时保持图层之间原有的父子关系。

❶ 把 monkey_forearmL 图层拖动到 monkey_armL 图层下，然后把 monkey_handL 图层拖动到 monkey_forearmL 图层下，如图 4-13 所示。

图 4-13

猴子左手臂的堆叠顺序变了，猴子手腕上的毛发更自然地覆盖到猴子手臂上，如图 4-14 所示。但是图层之间的父子关系并没有发生变化。

❷ 调整猴子右手臂各部分之间的堆叠关系，使猴子的右手位于右前臂下，右前臂位于右上臂下，如图 4-15 所示。

图 4-14

图 4-15

4.3 制作传统补间动画

接下来开始为猴子制作动画，从挥手动作做起。

前面我们学习了如何使用补间动画制作元件动画及应用缓动等内容。本课我们将学习如何制作传统补间动画，这种动画制作方法虽然"很老"了，但是仍然广受欢迎。传统补间动画类似于补间动画，但要更简单一些。两种动画制作方法针对的都是元件的实例，都是在两个关键帧之间为元件的实例的属性变化制作动画。例如，与补间动画一样，我们可以使用传统补间为元件实例的位置、旋转、变换、色彩效果、滤镜制作动画。那么，我们为什么还要用传统补间制作动画呢？

许多动画师都喜欢用传统补间制作动画，尤其是角色动画师，主要是因为传统补间动画制作起来很简单。制作传统补间动画时，只需要为关键帧之间的实例属性制作动画，不需要考虑运动编辑器，而且舞台中也不显示运动路径。编辑传统补间动画的路径需要一个单独的图层，相关内容会在后面讲解。

传统补间动画与补间动画的主要区别如下。

- 传统补间动画需要有一个单独的运动引导图层，使动画沿着某条路径进行。

- 运动编辑器不支持传统补间动画。

- 传统补间动画不支持 3D 旋转和平移。

- 借助【资源变形工具】，传统补间可用来制作人偶变形动画。

- 传统补间动画没有自己的补间图层。但是传统补间动画与补间动画遵守相同的规定，即其他对象不能和补间在同一个图层上。

- 传统补间动画是基于时间轴的，不是基于对象的。也就是说，是在时间轴（非舞台）上添加、删除、交换补间或实例的。

学习使用传统补间制作动画，有助于了解动画师制作动画时都需要使用哪些工具，也有助于为项目选择合适的动画制作方法。

4.3.1 创建初始关键帧和结束关键帧

传统补间动画需要有一个初始关键帧和一个结束关键帧。不管是否开启了自动插入关键帧模式，在这里我们都要手动创建关键帧（按 F6 键）。

❶ 选中所有图层上的第 72 帧，按 F5 键，添加帧。这样，时间轴上就有了 3 秒长的动画，如图 4-16 所示。

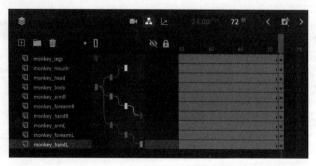

图 4-16

❷ 在 monkey_forearmR 图层中选择第 8 帧。

❸ 在【时间轴】面板顶部，单击【插入关键帧】图标（按 F6 键）。

此时，一个关键帧出现在第 8 帧上，该帧是起始关键帧，用作猴子举手臂这个动作的起点，如图 4-17 所示。

❹ 选择 monkey_forearmR 图层的第 15 帧，插入一个关键帧，如图 4-18 所示。该帧是结束关键帧。

❺ 在舞台中选择猴子的右前臂。

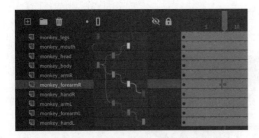

图 4-17　　　　　　　　　　　　　　　图 4-18

⑥ 在【工具】面板中选择【任意变形工具】，拖动角控制点，向上旋转猴子的右前臂，如图 4-19 所示。

旋转右前臂时，与右前臂相连的右手也会跟着一起旋转。在起始关键帧中，猴子的右前臂放在臀部的位置；在结束关键帧中，猴子的右前臂抬起来了。

4.3.2　应用传统补间

应用传统补间后，会在元件的实例的两个关键帧之间插入变化补间。

图 4-19

① 在起始关键帧（第 8 帧）与结束关键帧前一帧之间任选一帧。

② 在时间轴顶部，选择【创建传统补间】，如图 4-20 所示。

Animate 会在两个关键帧之间创建传统补间，使猴子抬起右手臂和右手。虽然只有 monkey_forearmR 图层包含关键帧和补间，但子图层也会跟着一起移动，如图 4-21 所示。

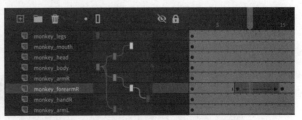

图 4-20　　　　　　　　　　　　　　　图 4-21

4.3.3　完成右手臂挥舞动画

接下来插入更多补间来完成右手臂挥舞的动画。

① 在 monkey_handR 图层的第 15、18、22、25、29 帧处分别插入一个关键帧（按 F6 键），如图 4-22 所示。

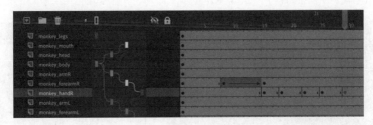

图 4-22

这些关键帧代表了在右手臂挥舞的过程中猴子右手的不同位置。

② 在第 18 帧处，在舞台中，选择猴子右手，使用【任意变形工具】向下旋转猴子的右手，如图 4-23 所示。

图 4-23

③ 在第 25 帧处，使用【任意变形工具】把猴子的右手放低一些。

最终动画中会显示猴子的右手在上下交替摆动。

④ 选择第一个关键帧与最后一个关键帧前一帧之间的所有帧。

⑤ 在时间轴顶部，选择【创建传统补间】。

此时，Animate 会向所有关键帧应用补间，如图 4-24 所示。请注意，移动子图层不会影响到父图层。

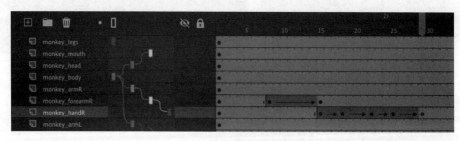

图 4-24

⑥ 在 monkey_forearmR 图层上，分别在第 29、35 帧处，插入一个关键帧（按 F6 键），如图 4-25 所示。

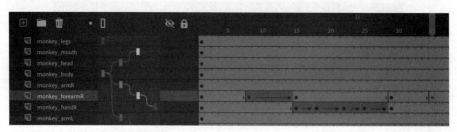

图 4-25

在父图层中，改变实例的位置或旋转实例会影响到子图层中的所有对象，但颜色效果和滤镜除外。子图层中的对象不会继承在父图层中对颜色效果或滤镜做的更改。所以，即便修改了猴子前臂的透明度，它的手仍然是不透明的。

❼ 在第 35 帧处，选择右前臂。选择【任意变形工具】，向下旋转右前臂，使右手靠着臀部，如图 4-26 所示。

图 4-26

若不希望父级补间上的缩放影响到子级补间，可以在【属性】面板中的【补间】区域下取消勾选【缩放】。取消勾选【缩放】后，Animate 就会禁用父级补间和子级补间中的缩放变化。

❽ 选择第一个关键帧（第 29 帧）或者两个关键帧之间的任意一帧，选择【创建传统补间】，如图 4-27 所示。

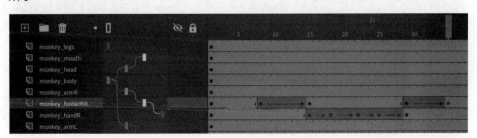

图 4-27

当猴子挥完右手臂后，它的右手臂会回到原始位置。

4.3.4 为父图层做补间

为父图层做补间时，所有子图层都会受到影响。接下来，让猴子的身体略微弯曲，身体弯曲时，所有连接至身体的部分（包括那些已经有动画的部分）都会跟着一起移动。

❶ 在 monkey_body 图层中，分别在第 20、35 帧处插入一个关键帧，如图 4-28 所示。

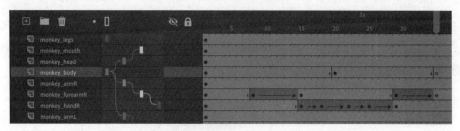

图 4-28

❷ 在第 20 帧处，在舞台中选择猴子的身体。在【工具】面板中选择【任意变形工具】。

❸ 沿逆时针方向，略微旋转一下猴子的身体，让猴子的身体整体弯曲一点，如图 4-29 所示。

图 4-29

❹ 选择第 1 帧与第 34 帧之间的所有帧，如图 4-30 所示。

❺ 在时间轴顶部，选择【创建传统补间】。

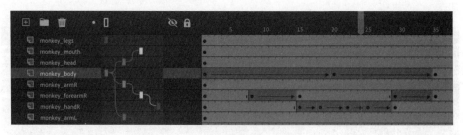

图 4-30

在第 1 帧与第 35 帧之间，猴子的身体会来回缓慢摆动，所有连接到身体的部分（包括挥舞的右手臂）都会随着身体的摆动而移动，保证了整个角色的完整性。

4.3.5 交换实例

猴子右手臂挥舞动作完成后，左手臂应该伸到身体背后，拿出一个骷髅，然后猴子开始念"生存还是毁灭"这段独白。下面为猴子的左手臂制作动画，期间会用一个拿着骷髅的手换掉左手。

❶ 在 monkey_armL 图层中，分别在第 35、45、55 帧处各插入一个关键帧，如图 4-31 所示。

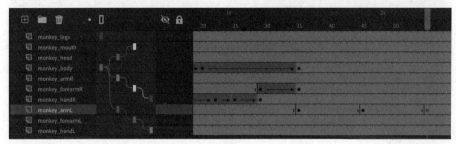

图 4-31

❷ 在第 45 帧处，在舞台中选择猴子的左上臂。

❸ 选择【任意变形工具】，沿顺时针方向旋转左上臂，使左手消失在背后，如图 4-32 所示。

❹ 选择第 35 帧与第 54 帧之间的所有帧，在时间轴顶部选择【创建传统补间】。

❺ 在 monkey_forearmL 图层中，分别在第 55、59 帧处各插入一个关键帧，如图 4-33 所示。

图 4-32

图 4-33

❻ 在第 59 帧处，在舞台中选择猴子的左前臂。

❼ 选择【任意变形工具】，沿逆时针方向旋转左前臂，使其伸直，如图 4-34 所示。

❽ 选择第 55 帧与第 58 帧之间的所有帧，如图 4-35 所示，在时间轴顶部选择【创建传统补间】。

❾ 在 monkey_handL 图层中，在第 45 帧处插入一个关键帧，如图 4-36 所示。此时，猴子的左手应该在身体后面。

图 4-34

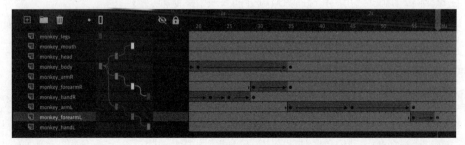

图 4-35

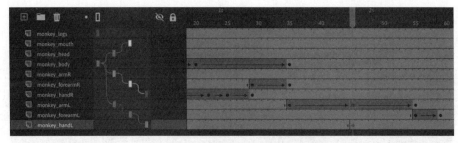

图 4-36

⑩ 接下来，换掉猴子的左手，使其从背后出来时拿着一个骷髅。在第 45 帧处，在舞台中选择猴子的左手。在进行选择时，需要先把 monkey_handL 图层上方的所有图层隐藏或锁定起来。

⑪ 在【属性】面板的【对象】选项卡中，单击【交换元件】图标，如图 4-37 所示。

此时，会弹出【交换元件】对话框，里面显示着【库】面板中的所有元件。其中，名称左侧有实心圆点的元件是当前选择的元件。

⑫ 从元件列表中选择 monkey_hand skull down 元件，单击【确定】按钮，如图 4-38 所示。

图 4-37

图 4-38

此时，空空的左手就被一只拿着骷髅的手换掉了。

⑬ 重新显示或解锁其他所有图层。

⑭ 在 monkey_handL 图层中，分别在第 55 帧和第 59 帧处各插入一个关键帧。在最后一个关键帧中，旋转猴子的左手，使其与左手臂齐平，如图 4-39 所示。

⑮ 在第 55 帧与第 59 帧之间应用传统补间。

这样，当猴子从背后拿出骷髅时，它的左手会旋转，使左上臂、左前臂、左手在同一条水平线上。

⑯ 在 monkey_handL 图层中，在第 60 帧处插入一个关键帧。

⑰ 在舞台中选择握着骷髅的左手，用 monkey_hand skull up 元件的一个实例替换它，如图 4-40 所示。

替换后的实例会与补间一起形成一段流畅、协调的动画。

> 💡 注意 所有传统补间动画都可以应用缓动。在【属性】面板中选择【Classic Ease】（传统缓动），可以创建简单的缓入 / 缓出效果。此外，还可以在【Classic Ease】（传统缓动）下选择其他选项，创建复杂的缓动曲线。稍后，我们会学习如何向传统补间应用缓动。

图 4-39

图 4-40

4.3.6 为传统补间添加运动引导层

接下来，制作一只苍蝇围绕着猴子飞舞的动画。苍蝇会沿着一条非常复杂、没有规律的路径飞舞。在传统补间动画中，需要在一个单独的图层（运动引导层）上绘制一条路径，这样才能让一个对象沿着指定的路径移动。

在传统补间动画中，运动引导层会告诉对象如何从第一个关键帧中的位置移动到最后一个关键帧中的位置。在传统补间动画中，若无运动引导层，则 Animate 会让对象沿着直线从第一个关键帧中的位置移动到最后一个关键帧中的位置。在运动引导层中绘制路径时，路径可以是弯曲的路径、"之"字形路径或其他各种路径，但要求路径自身不能交叉，而且路径本身应该是一个描边（不是填充）。

❶ 在所有图层的最上方，新建一个图层，并重命名为 fly，如图 4-41 所示。

❷ 从【库】面板中把 little fly 元件拖入舞台中，如图 4-42 所示。

图 4-41

图 4-42

❸ 在 fly 图层中，在第 72 帧处插入一个关键帧（按 F6 键），如图 4-43 所示。

图 4-43

❹ 选择第一个关键帧，或者最后一个关键帧之前的任意一帧，在时间轴顶部选择【创建传统补间】。

此时，Animate 会在第一个关键帧与最后一个关键帧之间应用传统补间，如图 4-44 所示。但是，由于苍蝇在两个关键帧中的位置相同，所以不会产生运动。

图 4-44

❺ 在【时间轴】面板中，使用鼠标右键单击 fly 图层，从弹出的快捷菜单中选择【添加传统运动引导层】，如图 4-45 所示。

此时，Animate 会在 fly 图层（包含传统补间）之上添加一个名为"引导层：fly"的新图层，如图 4-46 所示。传统补间图层位于运动引导层之下，表示传统补间图层中的对象会沿着运动引导层中绘制的路径移动。

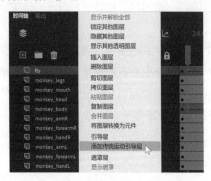

图 4-45

图 4-46

❻ 在【工具】面板中选择【铅笔工具】。在【属性】面板的【工具】选项卡中，选择【平滑】模式。可能需要先把【铅笔工具】添加到【工具】面板中才能使用它。

❼ 选择运动引导层，然后在舞台中绘制路径。绘制路径时，可以绘制一条非常曲折的路径，但是要保证路径不能交叉。在路径起点位置附近结束路径的绘制，如图 4-47 所示。

❽ 切换到【选择工具】，在【属性】面板中单击【贴紧至对象】按钮（磁铁图标），如图 4-48 所示。此时对象会彼此对齐，这样有助于把苍蝇放到路径起点上。

❾ 把播放滑块移动到第一个关键帧处（第 1 帧处）。然后，把苍蝇拖动到路径起点上，如图 4-49 所示。

图 4-47

图 4-48

⑩ 在最后一个关键帧中，把苍蝇拖动到路径终点上，如图 4-50 所示。

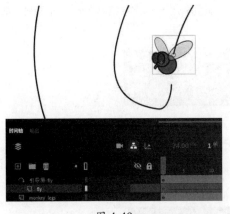
图 4-49

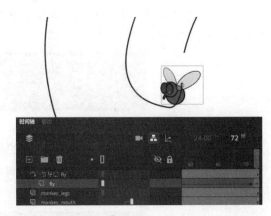
图 4-50

⑪ 按 Return 键（macOS）或 Enter 键（Windows），测试动画。

播放动画时，苍蝇会在舞台中沿着运动引导层中的路径飞舞。

> 💡 注意　一个运动引导层下可以有多个补间图层。只要把补间图层拖动到运动引导层下，该补间图层就会自动缩进。

> 💡 注意　在运动引导层中，可以使用任意一种编辑工具（如【选择工具】【部分选取工具】【钢笔工具】）编辑路径。更改路径之后，只要对象在起始关键帧和结束关键帧中仍然贴紧路径，对象的运动路径就会立即发生变化。

4.3.7　使用【将图层转换为元件】命令创建嵌入动画

现在，苍蝇能够在舞台中飞来飞去，但是一旦播放滑块到了时间轴的终点，它就停止不动了。为了让苍蝇持续不断地飞舞，可以把苍蝇飞舞的动画转换成影片剪辑元件。前面讲过，影片剪辑元件的时间轴与主时间轴是相互独立的。因此，可以把一个影片剪辑元件（自带动画）的实例放入舞台中，创建一个嵌入动画。

① 选择 fly 图层及其上方的运动引导层。

② 使用鼠标右键单击选中的图层，从弹出的快捷菜单中选择【将图层转换为元件】，如图 4-51 所示。此时，会弹出【将图层转换为元件】对话框。

③ 在【名称】中输入 fly_animation，在【类型】下拉列表中选择【影片剪辑】，单击【确定】按

钮，如图 4-52 所示。

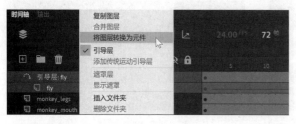 

图 4-51　　　　　　　　　　　　　　　　　图 4-52

　　此时，Animate 会新建一个影片剪辑元件，并把选中的两个图层放入其中。在【时间轴】面板中，之前选中的两个图层被一个名为 fly_animation 的图层替换，里面包含一个影片剪辑元件的实例，如图 4-53 所示。

图 4-53

　　【库】面板中出现了一个名为 fly_animation 的影片剪辑元件，里面包含传统补间图层和运动引导层。双击名为 fly_animation 的影片剪辑元件，进入元件编辑模式，可以看到其中包含的两个图层，如图 4-54 所示。

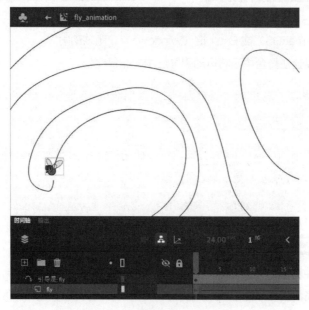

图 4-54

　❹ 单击软件界面右上角的【测试影片】按钮。在预览窗口中，会看到猴子挥手时，有一只苍蝇围着它飞舞。从菜单栏中依次选择【控制】>【循环播放】，取消循环播放。取消选择循环播放后，在主时间轴中，动画只播放一次。此时，猴子只挥一次手，但是苍蝇会持续不断地飞舞。

　❺ 关闭【测试影片】窗口。

> ♀ 注意　在测试或发布最终动画时，运动引导层中的路径不会显示出来。

为传统补间动画添加高级缓动效果

若想对传统补间动画的缓动效果进行高级控制，可从【效果】下拉列表中选择一种缓动效果。Animate提供了几种缓动效果，这些缓动效果有不同的缓入与缓出强度。例如，选择【Bounce】与【Elastic】缓动效果，可模拟物理运动；选择【Bounce Ease-In】缓动效果，可使尾巴从抽动到伸直，如图4-55所示。

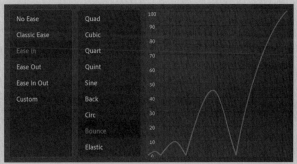

图 4-55

自定义缓动时，在【属性】面板中单击【编辑缓动】按钮，弹出的【自定义缓动】对话框中显示着动画的缓动配置文件，如图4-56所示。

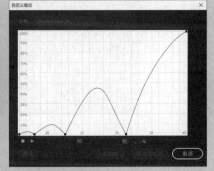

图 4-56

图4-57显示的是一个属性值如何从第一个关键帧变化到最后一个关键帧。从曲线形状看，刚开始属性值变化得很快，快到最后时，属性值的变化慢了下来。单击曲线添加一个锚点，即可编辑任意一帧的缓动效果。移动控制手柄，可改变曲线的形状，从而更改缓动效果。

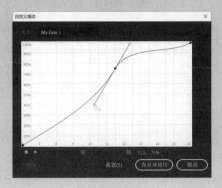

图 4-57

4.4 嘴形同步图形元件

到目前为止，在制作动画的过程中一直用的是影片剪辑元件，它们可以用在独立的嵌套动画中。例如，苍蝇飞舞动画有自己独立的时间轴，独立于其他动画。尽管动画的工作方式和图形的工作方式有点不一样，但是仍然可以把它们嵌入图形元件中。

与影片剪辑元件中的动画不同，图形元件中的动画无法独立播放。只有当实例所在的主时间轴上有足够多的帧时，它才会播放。换句话说，两个时间轴是同步的。虽然可以使用代码控制影片剪辑元件内部时间轴上的播放滑块，但是只能从【属性】面板中控制图形元件内部时间轴上的播放滑块（参见"图形元件的循环选项"）。由于可以轻松地指定哪些帧出现在图形元件中，所以图形元件非常适合用于嘴形同步或其他角色变化。

图形元件的循环选项

【属性】面板的【循环】区域中有许多功能强大的图形元件播放控件，如图 4-58 所示。

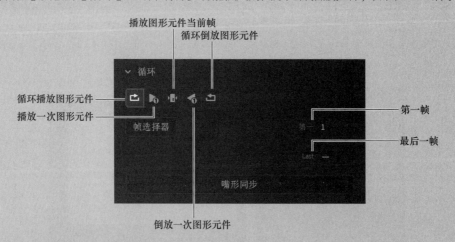

图 4-58

在默认设置下，图形元件从第一帧播放到最后一帧，只要主时间轴上有帧就会重复播放。不过，如果只想显示图形元件时间轴上的单个帧，则可以改变这个行为。此外，还可以只播放一次图形元件，选择播放第一帧与最后一帧，倒放一次或循环倒放多次图形元件。选择舞台中的图形元件的实例，然后选择所需的循环行为选项即可。

4.4.1 使用【嘴形同步】功能和【帧选择器】面板

当动画角色说话时，他们的嘴形应该与说的话同步。每个音节（或音素）都是由特定嘴形产生的。例如，发"p"或"b"的读音时，要紧闭嘴唇；发"o"的读音时，嘴唇呈圆形。动画师会画一系列嘴形（语音视位），用来与声道保持同步。

我们可以把每种嘴形用一个关键帧保存到一个图形元件中。在【帧选择器】面板（从【属性】面板中打开）中，可以在图形元件内部的时间轴上选择与发音匹配的帧。

Animate 提供了一个非常强大的功能，它可以分析导入的录音，检测单个音节，然后从图形元件中自动匹配正确的嘴形，生成嘴形同步动画。

下面使用【嘴形同步】功能和【帧选择器】面板，把猴子的嘴形与导入的音频同步起来。

❶ 在所有图层之上新建一个图层，并重命名为 audio，如图 4-59 所示。

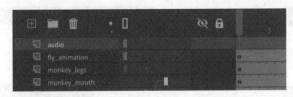

图 4-59

❷ 在第 72 帧处，插入一个关键帧（按 F6 键）。该位置是动画开始后的第 3 秒，即猴子拿出骷髅之后。

❸ 把音频文件 To_Be_or_Not.wav 从【库】面板拖到舞台上，如图 4-60 所示。该音频文件的内容是一段哈姆雷特的关于"生存还是毁灭"的独白。

此时，Animate 会把音频文件添加到 audio 图层的关键帧（第 72 帧）中，如图 4-61 所示，而且关键帧中会显示一个代表音频文件的波形。

❹ 在第 72 帧处于选中的状态下，在【属性】面板【帧】选项卡下的【声音】区域中，从【同步】下拉列表中选择【数据流】，如图 4-62 所示。

选择【数据流】之后，Animate 会把音频文件绑定到时间轴上，以便将其与动画同步起来。

❺ 把所有图层的时间轴扩展到第 938 帧，保证有足够多的帧能够播放完整个音频文件。添加帧之后，能在 audio 图层中看到音频文件的末端，如图 4-63 所示。

图 4-60

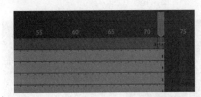

图 4-61

图 4-62

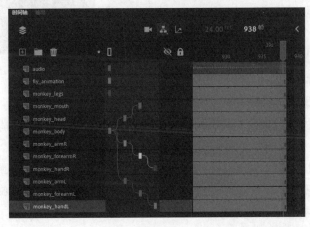

图 4-63

❻ 在【库】面板中，双击 mouth_positions 图形元件，检查一下，如图 4-64 所示。

此时，进入 mouth_positions 图形元件的元件编辑模式。底部图层中有 12 个独立的关键帧，每个关键帧都包含一个特定音节的发音嘴形，【库】面板如图 4-65 所示。

图 4-64

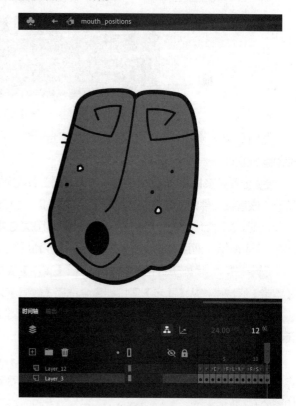

图 4-65

在顶部图层中，我们给各个关键帧添加了标签（红色旗标）。在【属性】面板中，与每个音节对应的标签都有不同的名称，如图 4-66 所示。

第一个关键帧的名称是 neutral，发音时嘴唇是放松且闭合的；第二个关键帧的名称是 Ah，发音时嘴唇是打开的。

当自己制作嘴形同步动画时，也应该制作一个类似的图形元件，里面包含 12 个关键帧，分别对应不同的嘴形。

❼ 退出元件编辑模式。

❽ 在 monkey_mouth 图层上，选择舞台中 mouth_positions 图形元件的实例，如图 4-67 所示。

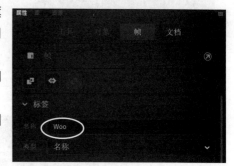

图 4-66

❾ 在【属性】面板的【对象】选项卡下，单击【循环】区域中的【嘴形同步】按钮，如图 4-68 所示。

打开【嘴形同步】对话框。在图形元件中设置发音嘴形，共显示出 12 种嘴形，每种嘴形与特定音节关联在一起。先把所有发音嘴形设置成同一张图片，再进行修改，如图 4-69 所示。

❿ 单击第一个标有 Neutral 的嘴形。

打开一个菜单，可以从 mouth_positions 图形元件中选取一帧。图形元件中带标记的关键帧与所需嘴形一一对应，所以匹配过程很简单。选择 neutral 关键帧，如图 4-70 所示。

图 4-67

图 4-68

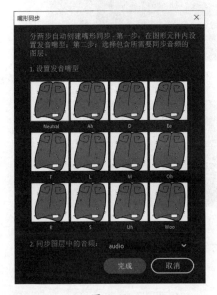

图 4-69

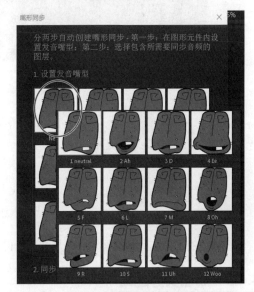

图 4-70

⑪ 单击标有 Ah 的嘴形,从图形元件中选择标有 Ah 的关键帧。

Animate 会把图形元件中的第二帧与 Ah 嘴形匹配起来。

⑫ 使用同样的方法,把 12 种嘴形与图形元件中对应的关键帧匹配起来,如图 4-71 所示。

⑬ 现在同步图层中的音频。从下拉列表中选择 audio 图层。Animate 将使用其中的音频文件匹配嘴形,如图 4-72 所示。

⑭ 单击【完成】按钮,开始创建嘴形同步,如图 4-73 所示。

Animate 会处理选中的音频文件,然后在 monkey_mouth 图层中自动创建带标记的关键帧,把图形元件中的关键帧与音频文件同步起来,如图 4-74 所示。

⑮ 按 Return 键(macOS)或 Enter 键(Windows),播放动画,如图 4-75 所示。

随着音频文件的播放,图形元件从一个关键帧切换到另外一个关键帧,把声音与相应的嘴形对应起来。

⑯ 如果想修改某个关键帧中特定的嘴形,则先在舞台中选择实例,然后在【属性】面板中单击

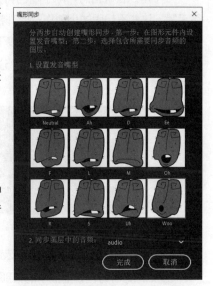

图 4-71

【帧选择器】按钮，如图 4-76 所示。

图 4-72

图 4-73

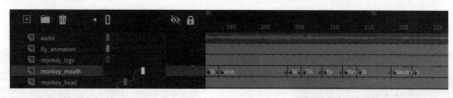

图 4-74

图 4-75

图 4-76

在弹出的【帧选择器】面板中，从图形元件中手动选择一个不同的关键帧。

4.4.2　添加头部运动

一个角色在说话时，除了嘴巴有开合动作之外，通常还伴有其他动作，如摇头晃脑、皱鼻子、翘眉毛等。这些不起眼的小动作对提升整个动画的真实度有重要意义。monkey_head 影片剪辑元件中已经包含了眨眼和转动眼珠的动画，接下来添加一些头部运动。

❶ 选择 monkey_head 图层，分别在第 89、94、102、109 帧处插入一个关键帧，如图 4-77 所示。

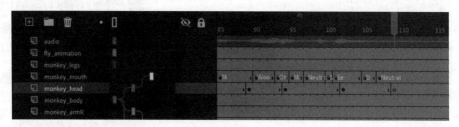

图 4-77

❷ 在第 94 帧处的关键帧中，选择猴子的头部实例。在【工具】面板中选择【任意变形工具】。

❸ 沿顺时针方向，把猴子的头部旋转 9°左右，让猴子刚开始说话时头部就有点倾斜，如图 4-78 所示。在第 102 帧处，进行同样的旋转操作。

由于 monkey_head 图层是 monkey_mouth 图层的父图层，所以猴子的嘴巴也会跟着一起旋转。

❹ 在第 89 帧与第 94 帧之间选择任意一帧，在时间轴顶部选择【创建传统补间】。

图 4-78

此时，头部倾斜动画就制作好了。

❺ 在第 102 帧与第 109 帧之间选择任意一帧，如图 4-79 所示，在时间轴顶部选择【创建传统补间】。

此时，猴子的头部从倾斜状态回到正常状态。

图 4-79

❻ 尝试添加一些轻微的点头或摆头动作来强调说话的内容，同时给动画一些视觉上的变化。此外，可以试着给动画角色添加一些表现态度的表情或动作，使动画效果更逼真。

参照第 3 课中的相关内容，使用 Adobe Media Encoder 把制作好的动画输出成一个视频（MP4 格式）（【文件】>【导出】>【导出视频 / 媒体】），或者单击【快速共享和发布】按钮发布视频。

4.5 复习题

① 传统补间动画与补间动画的相似之处有哪些？

② 在编辑图层之间的父子关系有哪 3 种方式？

③ 向传统补间添加运动引导层时，为什么【属性】面板中的【贴紧至对象】选项如此重要？

④ 如何编辑对象的运动路径？

⑤ 图形元件与影片剪辑元件有何不同？

⑥ 什么是 12 个发音嘴形？制作嘴形同步动画需要什么？

4.6 答案

① 补间动画与传统补间动画针对的都是舞台中元件的实例，而且都需要有自己的独立图层，在补间图层上不得出现其他补间或绘制对象。

② 编辑图层之间的父子关系有如下 3 种方式：把子图层拖向父图层；单击子图层，选择【删除父级】；单击子图层，选择【更改父级】，然后选择新的父图层。

③ 【贴紧至对象】选项用于强制让一个对象对齐到附近的对象。对于沿着运动引导层中的一条路径移动的对象来说，在第一个关键帧与最后一个关键帧中，对象必须紧贴到路径上。

④ 编辑对象的运动路径时，可使用【选择工具】直接拖动运动路径，让运动路径弯曲；还可以选择【转换锚点工具】或【部分选取工具】，拖动锚点上的控制手柄来改变运动路径的曲率。

⑤ 只有当实例所在的主时间轴上有足够多的帧时，图形元件才能播放自身时间轴上的动画。而影片剪辑元件包含独立的时间轴，只要实例在舞台中，不管主时间轴上有多少帧，它都会播放动画。

⑥ 12 个发音嘴形是指描述角色发音时 12 种嘴形的图形，每个嘴形对应一个音节。制作嘴形同步动画时，需要在图形元件的各个关键帧中分别创建一个嘴形。在【属性】面板中，单击【嘴形同步】按钮，Animate 会自动分析时间轴上的音频文件，然后沿着主时间轴创建同步关键帧，其中包含图形元件中对应的帧。

制作人偶变形动画

课程概览

本课主要讲解以下内容。

- 在位图或矢量图形上，使用【资源变形工具】制作人偶变形动画
- 适合使用人偶变形技术制作的动画
- 使用【资源变形工具】创建和编辑 rig

- 使用传统补间制作 rig 动画
- 为 rig 的各个关节指定旋转角度
- 应用变形选项冻结关节与调整网度
- 向 rig 应用孤立关节

学习本课至少需要 **1** 小时

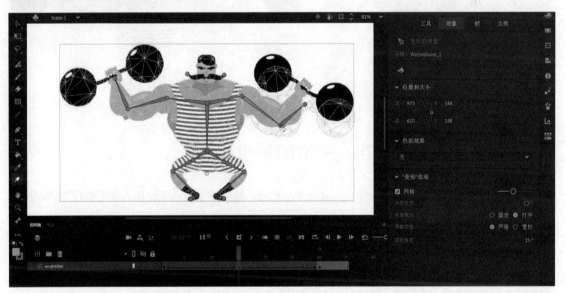

　　在 Animate 中，可使用【资源变形工具】在图形中创建 rig 来制作人偶变形动画。借助 rig 和传统补间技术，可以轻松地对矢量图形、位图进行拉伸、旋转、变形、移动等操作。

5.1　课前准备

我们先看一下最终成品。

❶ 在 Lesson05/05End 文件夹中，双击 05End.gif 文件，播放第一个小动画，如图 5-1 所示。
动画中，有一个女人躺在雪地上摆动四肢，在雪地上扫出痕迹。

❷ 关闭 05End.gif 文件。

❸ 在 Lesson05/05End 文件夹中，双击 05End_weightlifter.gif 文件，播放第二个小动画，如
图 5-2 所示。

图 5-1

图 5-2

动画中，有一个卡通人物在举哑铃，同时伴有下蹲动作。

❹ 关闭 05End_weightlifter.gif 文件。

本课将制作这两个小动画。通过制作这两个小动画，我们将学习如何使用人偶变形技术使位图和
矢量图形动起来。

5.2　什么是人偶变形

人偶变形是一种非常强大的动画制作技术。使用这个技术时，需要在图形内部创建一个结构，然
后移动这个结构使图形动起来。这个结构（称为 rig）中包含多个关节和分支，就像人体骨架一样。通
过操控这个结构，我们可以让图形动起来，如移动、变形等。

人偶变形用起来非常直观、简单。使用人偶变形技术制作动画时，需要先在图形内部创建 rig，创
建了 rig，接下来就可以像操控人偶一样让图形动起来了。创建 rig 之后，当拉伸、移动、旋转、固定 rig 时，
图形对应的部分也会随着发生变化。

人偶变形技术非常适合用来制作人物角色动画。事实上，任何图形的弯曲、变形动画都可以使用
人偶变形技术来制作。

5.3 使用【资源变形工具】

在 Animate 中，可以使用【资源变形工具】创建、编辑、移动 rig。rig 类似于骨架（下一课会学习如何使用【骨骼工具】创建骨架），可以在位图或矢量图形内部创建。rig 可以是一系列连接在一起的骨骼，也可以是带分支的骨骼，甚至可以是单个点。

接下来，制作第一个小动画，即女人躺在雪地上摆动四肢的动画。

5.3.1 创建第一个 rig

在位图内创建第一个 rig。

❶ 打开 05Start.fla 文件，然后将其另存为 05_workingcopy.fla 文件。

该文件中包含两张位图，它们存放在【库】面板中。其中，snow_background 是一张雪地图片，woman 是一张抠掉背景的女人图片，如图 5-3 所示。

❷ 把 snow_background 图片从【库】面板拖到舞台上。然后，调整该图片的位置（x=0、y=0），使图片完全覆盖舞台，如图 5-4 所示。

图 5-3

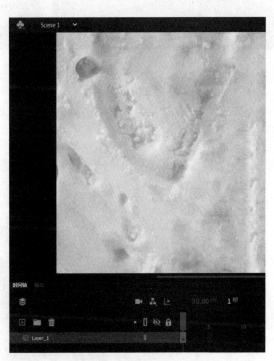

图 5-4

❸ 把 Layer_1 图层重命名为 background。

❹ 在 background 图层上方新添加一个图层，并将其重命名为 woman，如图 5-5 所示。

❺ 把 woman 图片从【库】面板拖到舞台上，调整该图片的位置，使其位于雪地的压痕中心（x=97、y=133），如图 5-6 所示。

❻ 选择【资源变形工具】。

图 5-5

图 5-6

❼ 单击女人的左肩。

此时，女人的身体上会出现网格，并且单击处出现一个关节。这样，就创建了一个 rig，如图 5-7 所示。

图 5-7

使用【选择工具】选择女人时，女人身上的网格会消失，舞台中的对象不再是一张图片，而是一个变形的对象。这一点可以在【属性】面板中得到印证，如图 5-8 所示。

⑧ 再次选择【资源变形工具】，单击第一个关节，将其选中，然后把鼠标指针移动到女人的左手肘处。

图 5-8

此时，Animate 会根据鼠标指针的位置动态显示骨骼的创建位置。

⑨ 单击女人的左手肘处，如图 5-9 所示。

图 5-9

此时，Animate 会在女人的左手肘处创建一个关节，并创建一个骨骼把两个关节（一个在左肩，一个在左手肘）连接在一起。骨骼显示为一个细长的三角形，底部（第一个关节）宽、顶端（第二个关节）尖。同时，第一个关节变成正方形，表示它是一个根关节，如图 5-10 所示。

图 5-10

⑩ 单击女人的左手腕，如图 5-11 所示。

图 5-11

此时，Animate 在女人的左手腕处添加一个关节，并添加一个连接左手肘关节与左手腕关节的骨骼。到这里，女人左手臂的 rig 就创建好了。

5.3.2 为其他肢体添加骨骼和关节

前面添加的骨骼和关节用来控制女人的左手臂。接下来，继续为女人的其他肢体添加骨骼和关节。

① 选择【资源变形工具】，单击网格外部的区域，取消选择 rig 的最后一个关节，如图 5-12 所示。

图 5-12

② 单击女人的右肩，新建一个关节，如图 5-13 所示。

图 5-13

只有单击了网格外部的区域，新建关节时新关节才不会与前一个选中的关节连接在一起。在女人的左手腕关节仍处于选中的状态下，单击女人的右肩，创建出的骨骼会把女人的左手腕关节和右肩关节连接在一起，这可能不是我们想要的结果，如图 5-14 所示。

图 5-14

③ 单击女人的右手肘与右手腕，创建出两个骨骼，如图 5-15 所示。

图 5-15

④ 单击网格外部的区域，然后在女人的两条腿上分别创建骨骼和关节，把髋关节、膝关节、踝关节连接在一起，如图 5-16 所示。

图 5-16

到这里，女人四肢上的 rig 就全部创建好了。

5.3.3 移动 rig

接下来，要用【资源变形工具】移动女人身上的 rig，就像操控人偶一样。

❶ 向上拖动女人的左上臂，如图 5-17 所示。

此时，女人的左手臂向上转动。上臂骨骼显示为橙色，左手肘关节显示为红色。

❷ 向上拖动女人的左前臂，如图 5-18 所示。

此时，女人的左前臂向上转动，同时左前臂骨骼显示为橙色，左手腕关节显示为红色。

图 5-17

图 5-18

❸ 尝试拖动女人的左手腕关节，如图 5-19 所示。

移动左手腕关节不仅可以旋转与之相连的骨骼（左前臂骨骼），还可以拉长或缩短骨骼。相比之下，拖动整个骨骼只能对骨骼进行旋转，第 1 步与第 2 步中的操作就是这种情况。

❹ 拖动女人的左手肘关节，使女人的左手完全举过头顶，如图 5-20 所示。

移动关节时，所有与之相连的骨骼和关节都会跟着移动。例如，当移动上臂骨骼和手肘关节时，前臂骨骼和手腕关节会跟着移动。在这种关系中，我们把第一个关节称为父关节，把与之相连的关节称为子关节。移动父关节时，子关节会跟着一起移动。

图 5-19

图 5-20

💡 提示　移动 rig 时，幅度不宜太大，否则会不自然，当位图变形太严重时就会出现这个问题。使用【资源变形工具】对位图进行变形时，移动幅度一定要恰到好处，切不可过分。

5.3.4 指定旋转角度

如果希望准确控制关节的旋转角度，可以在【属性】面板的【旋转角度】中直接输入一个角度值。

❶ 选择女人的右上臂骨骼，或者选择女人的右手肘关节，如图 5-21 所示。

图 5-21

❷ 在【属性】面板的【"变形"选项】区域下，在【旋转角度】中输入 −132°，如图 5-22 所示。

此时，女人的右手臂向上旋转指定的角度，如图 5-23 所示。

❸ 选择女人的右前臂骨骼，或者选择女人的右手腕关节，如图 5-24 所示。

图 5-22

图 5-23

图 5-24

❹ 在【属性】面板的【"变形"选项】区域下，在【旋转角度】中输入 –87°。
此时，女人的右前臂向上旋转指定的角度，如图 5-25 所示。

图 5-25

可以根据需要灵活调整女人的两只手臂的位置，确定动画的初始动作。

网格选项

调整人物的动作时，可能希望把人物身上的网格隐藏起来，以便更清楚地看见人物的动作。在【属性】面板的【"变形"选项】区域中，取消勾选【网格】，即可把网格隐藏起来，如图 5-26 所示。

把网格隐藏起来后，只能看见 rig 的关节和骨骼，如图 5-27 所示。

图 5-26

图 5-27

网格密度滑动条位于【网格】右侧，拖动其中的滑块可以改变网格的密度。向右拖动滑块，网格的密度会增加，如图 5-28 所示；向左拖动滑块，网格的密度会减少，如图 5-29 所示。

图 5-28

图 5-29

网格的密度决定着图像变形的精细程度。在大多数情况下，把滑块放在网格密度滑动条中间（默认位置）。

5.4 编辑 rig

在设置关节和骨骼的过程中，发现关节和骨骼放错位置时，可以轻松地把关节和骨骼移动到目标位置，也可以直接把关节和骨骼删掉重新设置。

5.4.1 调整关节和骨骼的位置

按住 Option 键（macOS）或 Alt 键（Windows），移动 rig 中的关节，此操作不会影响到网格。

❶ 选择 rig 中的一个关节。

❷ 按住 Option 键（macOS）或 Alt 键（Windows），移动关节，可改变关节在网格中的位置，如图 5-30 所示。

此时，关节及与其相连的骨骼移动到了新位置，但图像未发生变化。按住 Option 键（macOS）或 Alt 键（Windows）把关节移动到原来的位置，继续学习下面的内容。

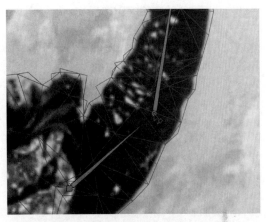

图 5-30

5.4.2 删除关节和骨骼

使用 Delete 键或 Backspace 键可以轻松删除指定的关节及与其相连的骨骼。

❶ 选择女人的右手腕关节，如图 5-31 所示。

❷ 按 Delete 键或 Backspace 键。

此时，选中的关节及与其相连的骨骼都被删除了，如图 5-32 所示。

图 5-31

图 5-32

❸ 按 Command+Z（macOS）/Ctrl+Z（Windows）组合键，撤销删除。

❹ 仅选择女人的右前臂骨骼。

❺ 按 Delete 键或 Backspace 键。

此时，右前臂骨骼被删除了，但是右手腕关节仍然保留着，如图 5-33 所示。

总结一下：选择一个关节，按 Delete 键或 Backspace 键，关节及与其相连的骨骼都会被删除；选择一个骨骼，按 Delete 键或 Backspace 键，只删除所选骨骼，与其相连的关节会被保留。

5.4.3　重连关节与骨骼

使用 Option 键（macOS）或 Alt 键（Windows），可以把关节与骨骼重新连接在一起。

❶ 选择【资源变形工具】，选择女人的右手肘关节。

❷ 按住 Option 键（macOS）或 Alt 键（Windows），单击右手腕关节。此时，会创建一个骨骼把两个关节连接在一起。

图 5-33

5.5　制作 rig 动画

在制作 rig 动画时，涉及如何在不同的关键帧中摆放姿势，如何使用传统补间在两个关键帧之间做插值。有关传统补间的内容，可回顾前面学习的内容。

5.5.1　创建关键帧

每个关键帧中，人物的姿势是不一样的。

❶ 在时间轴上，同时选中两个图层的第 40 帧，然后按 F5 键添加帧，增加动画的显示时长，如图 5-34 所示。

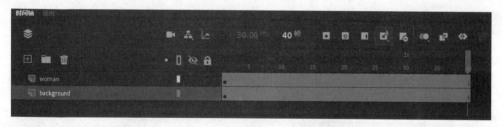

图 5-34

❷ 在 woman 图层的第 16 帧和第 40 帧处，分别添加一个关键帧（按 F6 键），如图 5-35 所示。

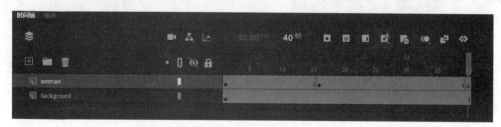

图 5-35

❸ 选择第 16 帧处的关键帧。

❹ 向下移动女人两只手臂上的关节，确定好两只手臂的位置，同时保证两只手臂的摆动范围与雪地上的压痕一致，如图 5-36 所示。

图 5-36

在把女人的手臂向身体两侧转动时，一定要保持谨慎，不可用力过猛，否则会导致女人的肩膀、颈部、面部扭曲，因为它们是连接在一起的。

❺ 移动女人的腿部关节，使两条腿彼此靠近，如图 5-37 所示。

图 5-37

5.5.2　应用传统补间

在关键帧之间应用传统补间，可以在两个姿势之间插补过渡姿势。

1 在第一个关键帧与第二个关键帧之间任选一帧。

2 单击鼠标右键，从弹出的快捷菜单中选择【创建传统补间】。

3 此时，就在第一个关键帧和第二个关键帧之间应用上了传统补间，如图 5-38 所示。

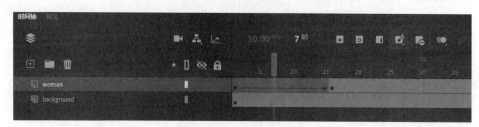

图 5-38

4 在第二个关键帧和最后一个关键帧之间任选一帧。

5 单击鼠标右键，从弹出的快捷菜单中选择【创建传统补间】。

此时，就在第二个关键帧和最后一个关键帧之间应用上了传统补间，如图 5-39 所示。

图 5-39

在关键帧之间插补过渡姿势，能保证前后姿势衔接连贯、自然。

> 💡**注意**　添加了传统补间之后，仍然可以调整人物姿势。例如，可以添加或删除某个关键帧中的一个关节。
> 为保持传统补间的完整性，Animate 会把这些改变应用到所有关键帧中。

你可以自由地调整变形对象的缩放角度、旋转角度、位置、颜色效果，Animate 会自动在关键帧之间做插值，以确保这些调整的结果是自然的、连贯的。若想移动整个 rig，则使用【选择工具】在舞台中把变形对象移动到新位置即可。缩放或旋转对象时，请使用【任意变形工具】。

⑥ 单击【循环】按钮，调整循环的起止点，把第 1 帧到第 40 帧全部包含进去。播放动画，会看到女人躺在雪地上来回地摆动四肢，在雪地上产生压痕。

5.5.3 添加投影效果

女人躺在雪地上是有投影的。添加投影效果有助于把人物与背景更好地融合在一起，使动画看上去更加自然、真实。

① 选择 woman 图层的第一个关键帧（第 1 帧）。

② 在【属性】面板的【滤镜】区域中，单击【添加滤镜】图标（加号），从弹出的菜单中选择【投影】，如图 5-40 所示。

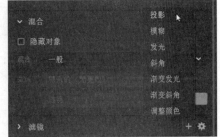

图 5-40

此时，Animate 会向 woman 图层中的人物添加投影效果。

③ 在【投影】区域中，设置【模糊 X】为 20 像素、【模糊 Y】为 20 像素、【距离】为 10 像素、【强度】为 75%，如图 5-41 所示。

此时，女人身下有了柔和的阴影，产生了立体感，看上去就像真地躺在雪地上一样，如图 5-42 所示。

图 5-41

图 5-42

在时间轴上,第一个关键帧上出现了白色圆点,代表该关键帧上应用了滤镜,如图 5-43 所示。

❹ 在【属性】面板的【滤镜】区域中,单击右上角的齿轮图标,从弹出的菜单中选择【复制选定的滤镜】,如图 5-44 所示。

图 5-43

图 5-44

此时,Animate 会复制投影滤镜及其设置。

❺ 选择第二个关键帧(第 16 帧)。

❻ 在【属性】面板的【滤镜】区域中,单击右上角的齿轮图标,从弹出的菜单中选择【粘贴滤镜】,如图 5-45 所示。

此时,Animate 会把从第一个关键帧中复制的投影滤镜及其设置粘贴到第二个关键帧中。

❼ 选择第三个关键帧(第 40 帧),把投影滤镜粘贴到其中。这样,3 个关键帧中就都包含了一样的投影滤镜,如图 5-46 所示。保存文件并关闭。

图 5-45

图 5-46

5.6 含关节分叉的 rig

接下来制作一个稍微复杂的动画。在上一个动画中,rig 的各个部分(四肢)是相互独立的,各个部分中的关节与骨骼以直线的方式连接在一起。下面创建一个包含多个分叉关节的 rig,同时介绍一下其他变形选项。

5.6.1 创建含多个分叉关节的 rig

在含有多个分叉关节的 rig 中,单个分叉关节可以连接多个关节和骨骼,就像人体从骨盆处分出两条腿一样。移动骨盆(父对象)时,腿部的关节和骨骼(子对象)也会跟着一起移动。接下来,为一个举重运动员(矢量图形)创建一个带分叉关节的 rig。

💡 注意 为矢量图形创建 rig 时,Animate 会把矢量图形转换成位图,以保证进行高质量的变形和补间调整。

❶ 在 05Start 文件夹中,打开 05Start_weightlifter.fla 文件,然后将其另存为 05_workingcopy_weightlifter.fla 文件。

这个文件中包含一个举重运动员（由不同颜色填充组成）和两个哑铃，这些图形位于 weightlifter 图层的第 1 帧中，如图 5-47 所示。

图 5-47

❷ 从菜单栏中依次选择【编辑】>【全选】［按 Command+A（macOS）/Ctrl+A（Windows）组合键］，或者使用【选择工具】框选舞台中的所有图形，如图 5-48 所示。

此时，舞台中的所有图形都处于选中状态。必须先在舞台中选中目标图形，然后才能在图形中设置 rig。

图 5-48

❸ 选择【资源变形工具】，单击人物胸部中间靠上一点的位置。

此时，图形上会显示出网格，并且单击处出现一个关节，如图 5-49 所示。

❹ 单击人物腹部，创建第二个关节。此时，Animate 会创建一个骨骼把两个关节连接起来，如图 5-50 所示。

图 5-49

❺ 沿着人物的右腿，分别在大腿根、膝盖、脚踝、脚尖处创建关节，Animate 会自动生成多个骨骼把这些关节连接起来，如图 5-51 所示。

图 5-50

图 5-51

❻ 单击腹部关节，将其选中，如图 5-52 所示。接下来，Animate 会从当前选中的关节开始创建骨骼。

💡注意　一个关节可以有多个子关节，但只能有一个父关节。

❼ 沿着人物的左腿，分别在大腿根、膝盖、脚踝、脚尖处创建关节，Animate 会自动生成多个骨骼把这些关节连接起来，如图 5-53 所示。

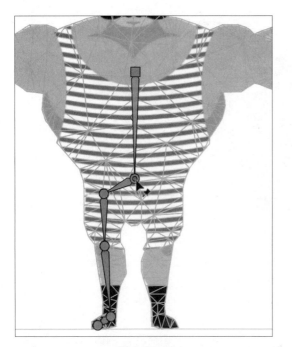

图 5-52

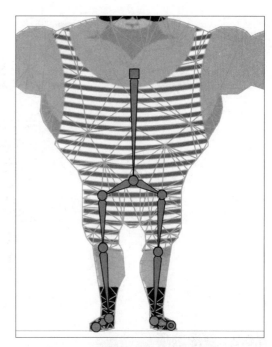

图 5-53

❽ 单击胸部中间靠上的第一个关节，它是一个父关节，也是根关节，以正方形显示，如图 5-54 所示。

❾ 沿着人物的左手臂，分别在左肩、左手肘、左手心处创建关节，Animate 会自动生成多个骨骼把这些关节连接起来，如图 5-55 所示。

参考图 5-56，创建好 rig。这里暂不在另一只手臂上添加关节。

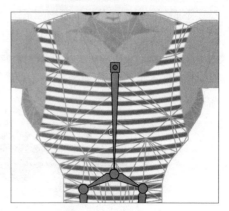

图 5-54

图 5-55

图 5-56

5.6.2 变形选项

下面制作举重运动员举哑铃和下蹲的动画。制作这个动画时，人物的身体要上下移动，腿部要屈伸，同时脚部要牢牢地定在地面上。为了方便制作骨骼动画，把某些关节固定在原位，可以灵活地使用【属性】面板中的各种变形选项。下面进行冻结关节的操作。

❶ 拖动根关节（胸部的正方形关节）时，人物身上的整个 rig 和整个网格都会跟着移动，如图 5-57 所示。

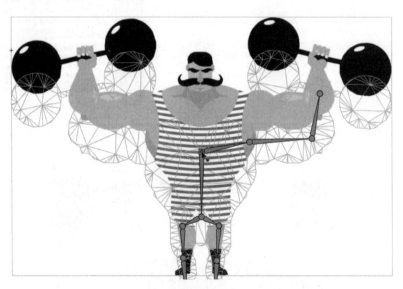

图 5-57

❷ 把 rig 移回至原来的位置。

❸ 选择一个踝关节，如图 5-58 所示。

❹ 在【属性】面板的【"变形"选项】区域中，开启【冻结关节】选项，如图 5-59 所示。

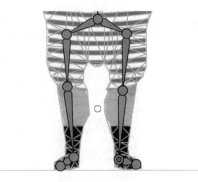

图 5-58

图 5-59

此时，所选关节上会出现一个蓝色大圆，代表它是一个冻结关节，如图 5-60 所示。

❺ 选择另外一个踝关节，在【属性】面板的【"变形"选项】区域中开启【冻结关节】选项。
此时，两个踝关节都冻结了，都固定在了舞台上，如图 5-61 所示。

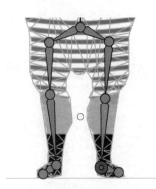

图 5-60

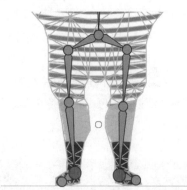

图 5-61

这样，当拖动 rig 的根关节时，两个踝关节是固定不动的，从而确保人物的脚部牢牢地固定在地面
上，如图 5-62 所示。

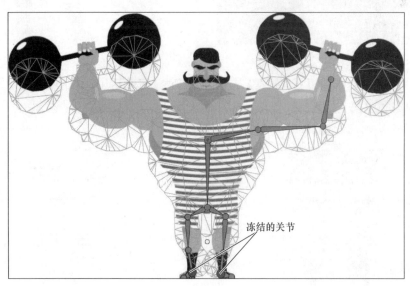

图 5-62

5.6.3　使用宽松骨骼做柔性连接

前面把人物的两个踝关节冻结了，当把人物的身体往下移动时，人物的小腿就会变短。这个问题是由使用严格骨骼引起的，在默认设置下，【资源变形工具】的模式是严格骨骼模式。在严格骨骼模式下，可以自由地拉伸与压缩网格。此外，还有一种宽松骨骼模式，使用这种模式能够避免骨骼被压缩。更多相关知识，请阅读"严格骨骼与宽松骨骼"中的内容。下面调整一下举重运动员腿部的骨骼，使其从严格骨骼变为宽松骨骼。

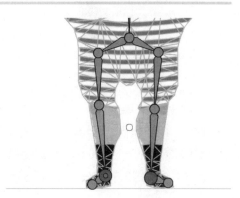

图 5-63

① 选择举重运动员的右踝关节，如图 5-63 所示。

② 在【属性】面板的【"变形"选项】区域中，把【骨骼类型】从【严格】变为【宽松】，如图 5-64 所示。

此时，右小腿骨骼的形状发生了变化，表示它从严格骨骼变成了宽松骨骼，如图 5-65 所示。宽松骨骼显示为细长的矩形，而严格骨骼显示为细长的三角形。

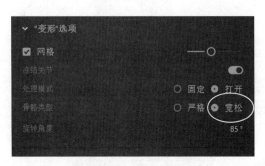

图 5-64

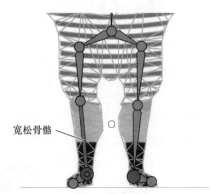

宽松骨骼

图 5-65

③ 选择另一个踝关节，把【骨骼类型】从【严格】变为【宽松】，此时左小腿骨骼如图 5-66 所示。

④ 向下移动根关节，如图 5-67 所示。

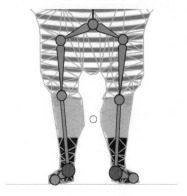

图 5-66

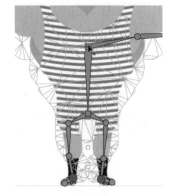

图 5-67

在踝关节被冻结的情形下，当向下移动 rig 时，Animate 不会压缩网格，而是用一种柔性的方式弯曲网格。虽然这不会很自然，但接下来在制作举重动画时，还会拖动其他关节，可以确保人物的动作更加自然、真实。

⑤ 把 rig 恢复原样，继续往下学习。

严格骨骼和宽松骨骼

在默认设置下，使用【资源变形工具】创建 rig 时，生成的是严格骨骼。但在【属性】面板的【"变形"选项】区域中，可以把【骨骼类型】从【严格】改成【宽松】，如图 5-68 所示。

图 5-68

严格骨骼和宽松骨骼有什么不同呢？从外形看，严格骨骼用细长的三角形表示，靠近父关节的一端宽，靠近子关节的一端窄。宽松骨骼用细长的矩形表示，两端宽度一样。

宽松骨骼的行为与严格骨骼的行为不一样。当移动 rig 关节时，宽松骨骼会尽量保留网格体积。在严格骨骼模式下，靠近两个关节，网格会出现挤压的情况，如图 5-69 所示。

而在宽松骨骼模式下，当靠近两个关节时，网格会得到补偿并向往凸出，如图 5-70 所示。

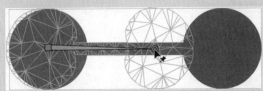

图 5-69　　　　　　　　　　图 5-70

在宽松骨骼模式下，网格的变形会更自然，但其行为更不好预测。rig 中既可以有严格骨骼也可以有宽松骨骼，如果对调整结果不满意，可以轻松地更改骨骼类型。

如果你希望从一开始所有骨骼都是宽松骨骼，则可以选择【资源变形工具】，然后在【属性】面板【工具】选项卡的【"变形"选项】区域中，把【骨骼类型】更改为【宽松】，如图 5-71 所示。

把【骨骼类型】更改成【宽松】后，使用【资源变形工具】创建的所有骨骼都会是宽松骨骼。创建好 rig 之后，也可以继续在【"变形"选项】区域中更改骨骼类型。

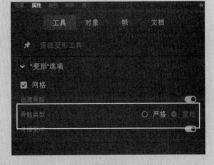

图 5-71

5.6.4 制作蹲起动画

调整好宽松骨骼和冻结关节之后，接下来就可以动手制作蹲起动画了。

❶ 在时间轴上，在第 15 帧和第 30 帧处各插入一个关键帧，如图 5-72 所示。

图 5-72

第一个关键帧（第1帧）和最后一个关键帧（第30帧）是一样的，举重运动员处于站直状态。接下来，修改中间关键帧（第15帧）中的 rig。

❷ 把播放滑块移动到第 15 帧处。

❸ 选择【资源变形工具】，向下移动根关节，如图 5-73 所示。

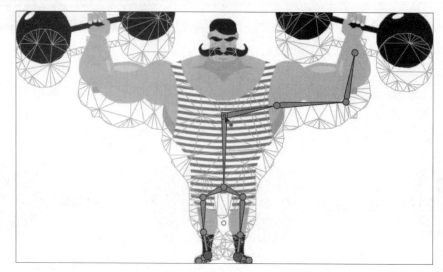

图 5-73

❹ 向外移动膝关节，使人物腿部自然弯曲，如图 5-74 所示。

❺ 在时间轴上，分别在第 1 帧与第 15 帧之间、第 15 帧与第 30 帧之间插入传统补间，如图 5-75 所示。

❻ 在时间轴上方，单击【循环】按钮，移动播放起止点，把所有帧包含进去。播放动画，可以看到人物不断地在做蹲起动作，如图 5-76 所示。

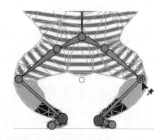

图 5-74

图 5-75

图 5-76

5.6.5 分离关节

在精细调整动画时，必须把 rig 准确地移动到希望的位置上。双击关节，将其分离出来，这样在调整其位置时就不会影响到与其相连的骨骼了。

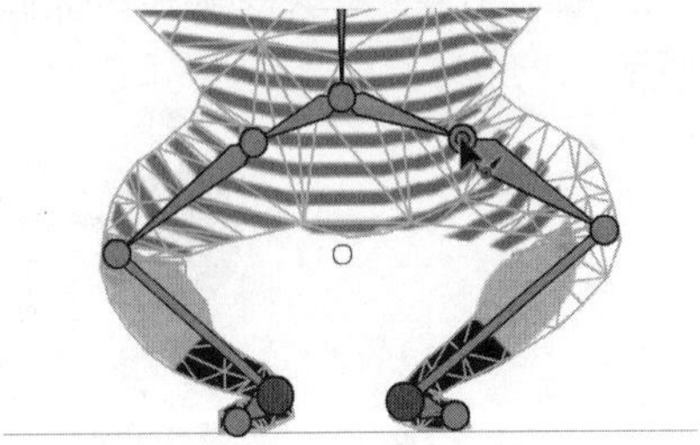

1️⃣ 关闭循环播放。

2️⃣ 把播放滑块移动到第 15 帧处。

3️⃣ 选择【资源变形工具】，选择位于左大腿根处的关节。

4️⃣ 稍稍向外移动所选关节，如图 5-77 所示。

此时，关节及与其相连的骨骼都会跟着移动。

5️⃣ 双击关节。

图 5-77

此时，所选关节的子骨骼变成淡黄色，代表所选关节被分离了，如图 5-78 所示。移动关节时，不会影响到其子骨骼。

6️⃣ 移动左大腿根处的关节，如图 5-79 所示。

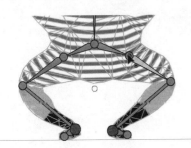

图 5-78

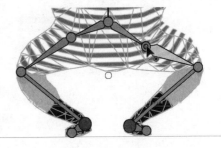

图 5-79

移动被分离的关节，可单独调整该关节的位置。

> 💡注意　在中间关键帧中移动 rig 时，会发现时间轴中的帧偶尔会闪烁。这表示 Animate 在重新计算补间，以确保两个关键帧之间的变化能自然地衔接在一起。

5.7 传播 rig 编辑

前面只为人物的左手臂创建了 rig 骨骼。在 Animate 中，在向多个关键帧应用补间后，仍然可以向 rig 添加更多骨骼。Animate 会传播你对 rig 做的更改，以保证补间的完整性。

添加更多骨骼

接下来，向人物的右手臂添加骨骼，了解一下这些变化是如何传播到所有关键帧的。

图 5-80

① 在时间轴上，选择第一个关键帧。

② 选择【资源变形工具】，在【属性】面板【工具】选项卡的【"变形"选项】区域中，开启【传播更改】选项，如图 5-80 所示。

在默认设置下，【传播更改】选项处于开启状态。

③ 选择根关节，沿着人物的右手臂，分别在右肩、右手肘、右手腕处创建关节，如图 5-81 所示。

④ 把播放滑块移动到中间关键帧（第 15 帧）上。

此时，在第一个关键帧中添加的骨骼也出现在了其他关键帧中，这保证了补间的完整性，如图 5-82 所示。

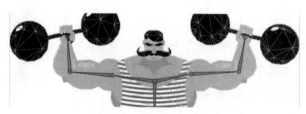

图 5-81

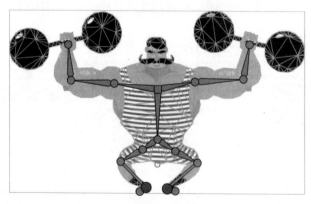

图 5-82

⑤ 根据动画需要，在中间关键帧中移动人物的手臂，使人物肘部在人物下蹲时略微向下倾斜，如图 5-83 所示。这个动作有助于表现哑铃的重量感，增加真实性。

> 💡注意 Animate 会在多个关键帧中传播骨骼、关节的删除、添加操作。

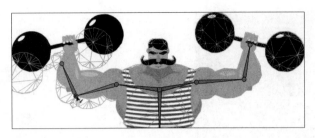

图 5-83

5.8　孤立关节

rig 中可以有孤立关节，这些孤立关节没有与骨骼相连。有了这些孤立关节，就可以用更灵活的方式对网格进行变形，同时不会受到层次结构的束缚。

添加孤立关节

下面在人物的胡子上添加孤立关节，使胡子随着人物的下蹲而向外舒展。

❶ 选择中间关键帧（第 15 帧）。

❷ 选择【资源变形工具】，单击胡子的一端，如图 5-84 所示。

此时，Animate 会在单击的位置添加一个孤立关节，而且这个变化会传播到其他关键帧中。

❸ 在网格之外单击，取消选择关节，然后单击胡子的另一端，如图 5-85 所示。

图 5-84

图 5-85

此时，Animate 会在胡子的另一端添加一个孤立关节，同样这个孤立关节也会出现在其他关键帧中。

如果希望创建多个孤立关节（无骨骼连接），但不取消对这些孤立关节的选择，可以在【属性】面板的【工具】选项卡【"变形"选项】区域中关闭【创建骨骼】选项，这样就只能创建关节了，如图 5-86 所示。

❹ 向外拖动胡子上的两个孤立关节，使胡子稍微向外舒展，如图 5-87 所示。

这样，当人物下蹲时，胡子就有了一个舒展动作，如图 5-88 所示。

❺ 向第一段补间添加缓出效果，向第二段补间添加缓入效果，使动画更自然一些。可以根据需要自由地调整动画。

图 5-86

图 5-87

图 5-88

❻ 在软件界面右上角单击【快速分享和发布】按钮，依次选择【发布】>【GIF 动画】，把制作好的动画导出，进而在社交平台上分享。

处理模式

创建孤立关节时，可以在【属性】面板的【"变形"选项】区域中指定处理模式（固定或打开），如图 5-89 所示，处理模式决定着孤立关节的行为方式，以及对网格的影响方式。

【打开】是默认的处理模式，在这种模式下，可以通过移动孤立关节来改变网格。矩形中有 3 个孤立关节，向上移动中间的孤立关节，矩形中部会向上弯曲，如图 5-90 所示。

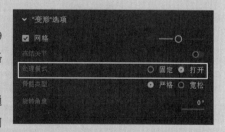

图 5-89

而在【固定】处理模式下，不仅可以移动孤立关节，还可以围绕着孤立关节旋转网格。把鼠标指针靠近虚线圆，鼠标指针的右下角会出现一个旋转箭头，此时按住鼠标左键并拖动，即可旋转网格，如图 5-91 所示。

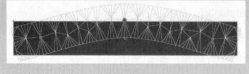

图 5-90

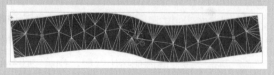

图 5-91

5.9 复习题

❶【资源变形工具】可以用来为哪些图形创建 rig ?

❷ 如何指定关节的旋转角度值?

❸ 严格骨骼模式和宽松骨骼模式有何不同?

❹ 为使用【资源变形工具】创建的 rig 制作动画时,应该使用什么动画制作技术?

❺ 如何调整 rig 中关节的位置?

❻【冻结关节】选项有什么用?

5.10 答案

❶【资源变形工具】可用来为矢量图形、位图创建rig,以制作人偶变形动画。在矢量图形上使用【资源变形工具】时,Animate 会把矢量图形转换成位图。

❷ 先选择关节,然后在【属性】面板的【"变形"选项】区域中,在【旋转角度】中输入希望旋转的角度值即可。

❸ 在严格骨骼模式下,可以拉伸、压缩网格;在宽松骨骼模式下,Animate 会尽量保留网格的体积或长度,保证关节之间的连接是柔性连接。

❹ 使用【资源变形工具】创建的 rig 只能用传统补间技术制作动画。

❺ 按住 Option 键(macOS)或 Alt 键(Windows),把关节拖动到新位置即可。

❻【冻结关节】选项可以把关节固定在舞台上,不让其发生移动。

制作骨骼动画

课程概览

本课主要讲解以下内容。

- 使用【骨骼工具】为影片剪辑元件的实例创建骨架
- 使用【骨骼工具】为形状创建骨架
- 使用逆向运动学制作骨骼动画

- 禁用与约束关节
- 调整骨骼与关节的位置
- 使用【弹簧】功能进行物理模拟
- 使用装配映射把骨架应用到新图形上

学习本课至少需要 **2** 小时

在 Animate 中，可以使用【骨骼工具】借助对象或形状之间的关节轻松制作出复杂、自然的运动动画。

6.1　课前准备

我们先看一个人物骑车的动画，这就是我们本课要使用【骨骼工具】和骨架制作的动画。

❶ 进入 Lesson06/06End 文件夹中，双击 06End. fla 文件，将其打开。从菜单栏中依次选择【控制】>【测试】菜单，或者单击【测试影片】按钮预览动画，如图 6-1 所示。

这是一个女孩骑车的动画，她一边蹬车，一边招手，同时头发随风飘动。本课会先创建一个骨架（类似于用【资源变形工具】创建的骨骼），然后把踩踏自行车的肢体动作制作成动画。当然，还会把车轮和踏板转动的动作制作成动画。

图 6-1

❷ 在 Lesson06/06Start 文件夹中，双击 06Start.fla 文件，在 Animate 中打开初始项目文件。

❸ 从菜单栏中依次选择【文件】>【另存为】，输入文件名 06_workingcopy.fla，将其保存在 06Start 文件夹中。

在学习过程中，请不要直接使用初始项目文件，最好使用它的副本。这样当希望推倒重来时，仍然可以从初始项目文件开始。

6.2　使用逆向运动学制作角色动画

在前面课程中，我们学习了如何利用图层之间的父子关系制作角色动画，还学习了如何使用【资源变形工具】创建骨骼。在本课中，我们将学习如何使用【骨骼工具】制作角色动画。

使用【骨骼工具】创建骨骼，与使用【资源变形工具】创建人偶变形骨骼类似。两者都由关节、骨骼组成，且都有一定的层次关系。

【骨骼工具】使用逆向运动学的方法来移动骨骼。逆向运动学是一种数学方法，用来计算多关节对象运动时各部分的角度变化，以实现对象的某种动作。在逆向运动学中移动子骨骼时，父骨骼会随着一起移动。

父子图层和使用【资源变形工具】创建的人偶变形骨骼都是基于正向运动学的，父骨骼运动带动子骨骼运动。

在本课中，我们运用逆向运动学制作一个骑车动画。在逆向运动学的方法下，调整人物脚部（子骨骼）的位置，大腿和小腿（父骨骼）会自动跟着调整。

6.2.1　【骨骼工具】和【资源变形工具】的主要区别

【骨骼工具】和【资源变形工具】的不同主要体现在功能、原理、用法上，具体如下。

- 【资源变形工具】运用的是正向运动学的方法，【骨骼工具】运用的是逆向运动学的方法。
- 【骨骼工具】应用于影片剪辑元件、矢量图形，【资源变形工具】应用于形状、位图。

- 使用【骨骼工具】时，在图层上只能创建一个连续的骨架；而使用【资源变形工具】可创建包含多个独立骨骼的骨架。

- 使用【骨骼工具】制作动画时要在独立的骨架图层上进行，使用【资源变形工具】制作动画时要用到传统补间。

6.2.2　创建角色动画骨架

在给一个有四肢和关节的角色制作动画时，需要先确定这个角色有哪些部分需要移动，还要搞清楚这些部分是如何连接与移动的。这些连接在一起的各个部分会形成一个层次结构，就像一棵树一样，从根部开始逐渐扩展出各个分叉。我们把这种层次结构叫"骨架"，组成骨架的每个刚性部件叫"骨骼"。骨架决定了一个对象的哪些地方可以弯曲，以及骨骼之间如何连接。

在 Animate 中，可以使用【骨骼工具】创建骨架。【骨骼工具】会告诉 Animate 如何把一系列影片剪辑元件的实例连接在一起，或者为一个形状提供带关节的结构。两个或多个骨骼之间由关节连接在一起。

❶ 在 06working_copy.fla 文件中，自行车和女孩（Ruby）都已经制作好了，并且放到了舞台中，如图 6-2 所示。

女孩身体的各个部分都已经放置好了，各个部分之间的关系一目了然。各个部分之间留出了一些空隙，这样有助于连接骨架的各个骨骼。女孩身体各个部分之间的衔接看起来有些问题，接下来，移动女孩身体的各个部分，把它们准确地衔接在一起。

❷ 单击【编辑工具栏】图标，把【拖放工具】面板中的【骨骼工具】（见图 6-3）添加到【工具】面板中，然后选择【骨骼工具】。

图 6-2

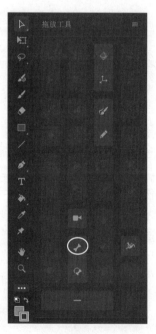

图 6-3

❸ 单击女孩胸部中心偏上的位置，按住鼠标左键，拖动鼠标指针到右上臂顶部，释放鼠标左键，如图 6-4 所示。

这样，第一个骨骼在骨架中就定义好了。Animate 会用一条直线表示骨骼，根关节处有一个方形，末端关节处有一个圆形，如图 6-5 所示。在 Animate 中，每个骨骼都定义在一个关节与另一个关节之间。

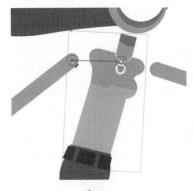

图 6-4

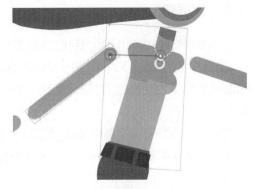

图 6-5

在【时间轴】面板中，Animate 会自动把新创建的骨架放入一个新图层（默认名称是"骨骼_#"，#为编号）中。新图层的图标与普通图层的图标不一样，其中存放的骨架与时间轴上的其他对象（如图形、补间动画）是分离的，如图 6-6 所示。

④ 单击第一个骨骼的末端（女孩肩膀），按住鼠标左键，拖动鼠标指针到右前臂的顶部（肘部），释放鼠标左键，如图 6-7 所示。

图 6-6

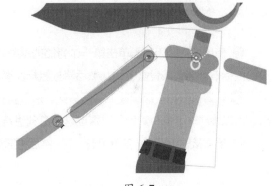

图 6-7

这样，第二个骨骼就定义好了。

⑤ 选择【选择工具】，移动女孩的右前臂，使其在舞台中上下移动。

由于这些骨骼把女孩的整只手臂与躯干连接在一起了，因此移动前臂时，上臂和躯干会跟着一起移动，但是移动方式有点不自然。接下来，我们学习如何更好地约束、控制关节。

> 💡注意 女孩和自行车图形来自 Adobe 资源面板。Adobe 资源面板中有很多动态资源和静态资源，可以把它们灵活地应用到自己的项目中。

> 💡提示 若开启了【贴紧至对象】功能，则移动鼠标指针时，鼠标指针会自动吸附到对象的边缘，可能会导致无法准确地放置骨骼。在【属性】面板的【文档】选项卡中，单击【贴紧至对象】按钮（磁铁图标），可关闭该功能。

6.2.3 扩展骨架

下面继续扩展女孩的骨架，连接女孩的其他手臂、腿和自行车。

❶ 选择【骨骼工具】，单击第一个骨骼的基部（位于女孩胸部中心偏上的位置），按住鼠标左键，拖动鼠标指针到女孩的左上臂顶部，然后释放鼠标左键，如图6-8所示。Animate会把第一个骨骼看作"根骨骼"（Root Bone）。

❷ 在女孩的左于臂上创建骨骼，把左上臂与左前臂连接在一起。

此时，骨架向着两个方向扩展：一个是女孩的左手臂的右向，另一个是女孩的右手臂的右向，如图6-9所示。

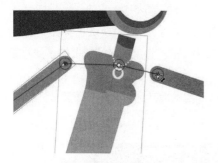

图 6-8

图 6-9

❸ 使用【骨骼工具】单击第一个骨骼的基部（位于女孩胸部中心偏上的位置），按住鼠标左键，拖动鼠标指针到女孩骨盆中间，然后释放鼠标左键。

❹ 从骨盆开始，继续往下扩展骨架。从骨盆开始，向左右分叉，从大腿到小腿再到踏板。在连接时，可以移动一下各个对象，以保证连接顺利进行，如图6-10所示。

❺ 把女孩的躯干与头部连接在一起，然后再把女孩的骨盆与自行车座位连接在一起，如图6-11所示。

图 6-10

图 6-11

你可能会疑惑：这里为何需要把自行车当作女孩骨架的一部分？自行车不移动，但是它必须出现在女孩的双腿之间，女孩的一条腿在自行车左侧，另一条腿在自行车右侧。骨架的所有部分都在一个图层上，管理重叠对象的一个方法是把它们放入一个骨架中。

此时，骨架连接好了女孩身体的各个部分，包括她骑的自行车，并且定义好了每个部分相对于骨架中的其他部分是如何旋转和移动的。

骨架层次结构

骨架的第一个骨骼叫根骨骼，也是与之相连的子骨骼的父骨骼。一个骨骼可以连接多个子骨骼，以形成复杂的关系。例如示例中的女孩，胸部的骨骼是父骨骼，连接上臂的骨骼是子骨骼，手臂的骨骼之间是兄弟关系。当骨架变得越来越复杂时，可以使用【属性】面板在这些关系中导航。

选择骨架中的一个骨骼，【属性】面板就会显示出一些箭头，如图6-12所示。

图 6-12

单击这些箭头，可在层次结构中切换骨骼和查看每个骨骼的属性。选中父骨骼后，单击向下箭头，可选择子骨骼；选中子骨骼后，单击向上箭头，可选择父骨骼，再单击向下箭头，可选择子骨骼。单击左右箭头，可在兄弟骨骼之间移动。

6.2.4 移动骨架中的骨骼

前面使用骨骼把各个影片剪辑连接在一起，形成了一个完整的骨架，每个骨骼的相对位置都是可以调整的。各个影片剪辑元件的实例之间的空隙使连接操作变得更容易。按住 Option 键（macOS）或 Alt 键（Windows）后，可以移动骨架中的任意一个骨骼来调整它的位置。

❶ 选择【选择工具】，单击舞台中的空白区域，取消选择骨架。

❷ 按住 Option 键（macOS）或 Alt 键（Windows），移动女孩的右上臂，将其与躯干连接，如图6-13所示。当然，还可以使用【任意变形工具】实现该操作。

女孩右上臂的位置变了，但是骨架保持不变。

❸ 按住 Option 键（macOS）或 Alt 键（Windows），移动女孩身体的各个部分，让它们彼此靠得更近一些，消除关节之间的空隙。

参考图6-14所示，检查各个部分是否移动到位。

图 6-13

图 6-14

删除骨骼与添加影片剪辑元件的实例

选择【选择工具】，单击某个骨骼，将其选中，然后按 Delete 键或 Backspace 键，Animate 会把选择的骨骼及其子骨骼全部删除，但会保留影片剪辑元件的实例。

在舞台中，选择某个影片剪辑元件的实例，然后按 Delete 键或 Backspace 键，Animate 会把选择的影片剪辑元件的实例及其关联的骨骼全部删除。

如果希望向骨架中添加更多影片剪辑元件的实例，则只需把影片剪辑元件的实例拖动到舞台中，放到不同的图层上即可。我们不能在骨架图层中添加新对象。当影片剪辑元件的实例出现在舞台中时，可以使用【骨骼工具】把它连接到骨架中的骨骼上，Animate 会把新实例移动到同一个骨架图层上。

6.2.5　调整关节位置

在 Animate 中，骨骼之间的关节的位置是可以更改的，只需要使用【任意变形工具】移动变换点即可。此外，还可以移动骨骼的旋转点。

有时我们会犯一些错误，例如把骨骼的端点放到了下一个影片剪辑元件的实例的中心，而非基点上，导致身体某个部位的旋转不自然。

选择【任意变形工具】，单击影片剪辑元件的实例，将其选中，移动变换点到新位置，即可改变关节的位置，如图 6-15 所示。

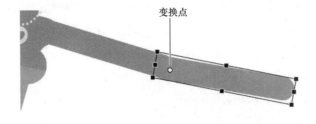

变换点

图 6-15

此时，Animate 会把骨骼连接到影片剪辑元件的实例的新变换点上。

6.2.6 更改堆叠顺序

创建骨架时，最新添加的骨骼位于堆叠的图形的最顶层。根据骨骼的连接顺序，某些影片剪辑元件的实例的堆叠顺序可能不对。例如，在前面例子中，女孩的腿与自行车的堆叠顺序不对，正确的堆叠顺序应该是一条腿在自行车左侧，另一条腿在自行车右侧。使用【修改】>【排列】命令可以改变骨架中影片剪辑元件的实例的堆叠顺序，保证它们正确地堆叠在一起。

❶ 选择【选择工具】，按住 Shift 键，选择组成女孩左腿（在自行车左侧的腿）的 3 个影片剪辑元件的实例，包括自行车踏板。

❷ 从菜单栏中依次选择【修改】>【排列】>【移至底层】，或者使用鼠标右键单击，从弹出的快捷菜单中依次选择【排列】>【移至底层】，或按 Shift+Command+↓（macOS）/Shift+Ctrl+↓（Windows）组合键。

此时，骨架中选中的骨骼会移动到底层，也就是说，女孩的左腿会移动到自行车左侧，自行车车座位于两腿之间，如图 6-16 所示。

❸ 选择组成女孩左手臂的两个影片剪辑元件的实例，使用【修改】>【排列】命令把它们移动到底层。

❹ 选择女孩的头部，从菜单栏中依次选择【修改】>【排列】>【移至顶层】，或者使用鼠标右键单击，从弹出的快捷菜单中依次选择【排列】>【移至顶层】，或按 Shift+Command+↑（macOS）/Shift+Ctrl+↑（Windows）组合键。

此时，女孩的头部移动到顶层，这样头部就出现在脖子的上层，如图 6-17 所示。

图 6-16

图 6-17

❺ 选择【选择工具】，移动骨架，检查女孩的左右手臂、左右腿分别是在身体的左侧还是右侧。若有问题，请修改一下。

> 💡 **注意** 使用【修改】>【排列】>【移至底层】命令，可把所选对象移动到底层；使用【修改】>【排列】>【下移一层】命令，可把所选对象往下移动一层。类似地，使用【移至顶层】命令，可把对象移动到顶层；使用【上移一层】命令，可把所选对象往上移动一层。

6.3 制作蹬车动画

女孩蹬车的动作是一个简单的循环动画，在这个过程中，女孩的脚一直在做圆周运动。

有了骨架，制作蹬车动画就容易多了，只需要使用关键帧把女孩的脚正确地放到踏板上。由于女孩的脚与身体的其他部分连接在一起，所以上肢会自动跟着运动。

6.3.1　摆放骨架

在第一个姿势中，先确定好女孩的脚与踏板的起始位置，它们在旋转运动的两边。

❶ 选择【选择工具】，拖动女孩的右脚至粉色圆圈的顶部，粉色圆圈代表蹬车动作的路径。移动黑色踏板（紧贴着脚部），使它们与地面平行。

拖动女孩的腿和踏板时，与它们相连的骨骼也会跟着移动。刚开始控制不好骨架很正常，多多练习就好。在接下来的学习中，我们会进一步学习一些约束或分离特定关节、实现精确定位的技巧。

❷ 移动女孩的左脚和踏板到粉色圆圈的底部，尽量保证黑色踏板在圆圈上，如图 6-18 所示。

❸ 移动女孩的胳膊，把它们放到自行车车把上，如图 6-19 所示。

图 6-18

图 6-19

至此，在骨架图层的第 1 帧中就制作好了第一个姿势。

6.3.2　分离单个骨骼的旋转

推拉骨架摆放姿势时，会发现单个骨骼的旋转很难控制，因为骨骼之间有连接。移动单个骨骼时，按住 Shift 键，可以把骨骼的旋转分离出来。

❶ 选择黑色踏板。

❷ 选择【选择工具】，拖动踏板。

女孩的腿会跟着踏板移动。

❸ 按住 Shift 键，拖动踏板，如图 6-20 所示。

踏板会绕着粉色圆圈旋转，但是骨架的其他部分保持不动。按住 Shift 键后，所选骨骼的旋转就会分离出来。

图 6-20

按住 Shift 键把单个骨骼的旋转分离出来之后，就可以准确地摆放姿势了。回到女孩的腿部和踏板，使用 Shift 键，根据需要进行修改。

6.3.3　固定单个骨骼

另一种准确控制骨架旋转和位置的方法是把单个骨骼固定住。例如，当前自行车是可以自由移动和旋转的，如图 6-21 所示，我们需要把它固定住，就地锁定。

❶ 选择【选择工具】。

❷ 选择与自行车相连的骨骼。

此时，所选骨骼会高亮显示，表示其处于选中状态。

❸ 在【属性】面板中，勾选【固定】，如图 6-22 所示。

此时，骨骼会固定在当前位置。关节上会出现白圈黑点，表示关节已经固定住。

❹ 此外，还可以选择一个关节，当鼠标指针变成图钉图标时，单击关节，如图 6-23 所示。此时，所选关节就会被固定住，再次单击，可以解除固定。

图 6-21

图 6-22

图 6-23

使用【固定】和 Shift 键时，骨架的运动是不一样的。按住 Shift 键，可以把单个骨骼与其他相连的骨骼分离开来。当固定一个骨骼时，被固定的骨骼会保持不动，但是可以自由移动其所有的子骨骼。

6.4　禁用与约束关节

摆其余姿势之前，可以对骨架做一些细化调整，以便更容易摆放女孩的姿势。骨架的各个关节都能自由旋转并不现实。在真实的人体骨架中，关节的旋转会受到一些约束，只能旋转特定角度。例如，前臂可以向肱二头肌方向旋转，但不能向肱二头肌方向之外的其他方向旋转；臀部可以围绕躯干摆动，但幅度不大。可以把这些约束施加到你制作的骨架上。在 Animate 中使用骨架时，可以对关节的旋转进行约束，也可以对关节的平移运动进行约束。

6.4.1　禁止关节旋转

拖动女孩的头部，会发现连接躯干和骨盆的骨骼可以自由旋转，这与现实情况不一样，如图 6-24 所示。

❶ 选择连接头部与躯干的骨骼。

此时，骨骼高亮显示。

❷ 在【属性】面板的【关节：旋转】区域中，单击右侧开关按钮，关闭关节旋转，如图 6-25 所示。

所选骨骼顶端的关节上的圆圈消失了，这表示关节不能再

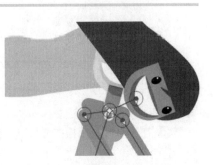

图 6-24

旋转了，如图 6-26 所示。

③ 拖动女孩头部。

此时，女孩头部不能再绕着躯干上的关节旋转了，但仍然可以绕着其最后一个关节旋转，如图 6-27 所示。

图 6-25   图 6-26   图 6-27

6.4.2 约束旋转范围

对于骨架，我们还有一些工作要做。例如，允许有些关节旋转，但是要对其旋转范围进行限制。

① 选择连接女孩胸部与左上臂的骨骼。

此时，被选中的骨骼高亮显示，如图 6-28 所示。

② 在【属性】面板的【关节：旋转】区域中，单击右侧开关按钮，关闭关节旋转。

此时，围绕躯干关节的旋转被禁用，上臂不能再绕着躯干随意旋转了。

③ 选择子骨骼（连接上臂与前臂的骨骼），如图 6-29 所示。

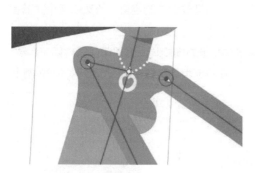

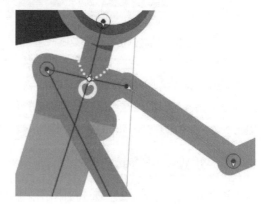

图 6-28   图 6-29

④ 在【属性】面板的【关节：旋转】区域中，勾选【约束】，如图 6-30 所示。

角度指示器的变化范围是从一个整圆到部分圆，显示最小允许角度、最大允许角度和骨骼的当前位置，如图 6-31 所示。

⑤ 在【属性】面板的【关节：旋转】区域中，把【左偏移】设置为 -90°，把【右偏移】设置为 90°。

⑥ 拖动上臂。

可以旋转手臂，但是旋转范围受到限制，只能在 -90°与 90°这个范围内旋转，这可以防止把手臂放到不正确的位置，使姿势的控制和摆放更加轻松，如图 6-32 所示。

图 6-30

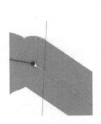

图 6-31

图 6-32

> **💡注意** 在真实情况下，只允许骨骼绕着关节旋转。不过，在 Animate 中，允许关节沿着 x 轴（水平）和 y 轴（垂直）方向移动，并且可以限制关节移动的距离。在【属性】面板中，可以在【关节：X 平移】与【关节：Y 平移】区域中，打开平移约束，就跟打开旋转约束一样。

使用舞台中的控件约束关节

控制关节的旋转与平移时，除了使用【属性】面板中的控件之外，还可以使用舞台中关节上的控件。使用舞台中的控件不仅操作便捷，而且周围有其他骨骼和图形可以参考。

选择一个骨骼，把鼠标指针移动到骨骼的关节上，会出现一个蓝色圆圈，里面是一个有 4 个方向的蓝色箭头。单击它，即可访问舞台控件。

把鼠标指针移动到外侧圆圈上，圆圈变成红色，单击它，可以更改旋转约束。

在圆圈内单击，可以定义关节旋转的最小角度和最大角度。阴影区域是允许的旋转范围，如图 6-33 所示。还可以在圆圈内拖动来改变角度。在圆圈之外单击，可确认调整。

把鼠标指针移动到圆心上，会出现一个锁形图标，单击它，可禁用关节旋转。

若想改变平移（上下移动或左右移动）约束，则可以把鼠标指针移动到圆圈内的箭头上，箭头会变成红色，如图 6-34 所示。

单击水平箭头或者垂直箭头，然后拖动，可在相应方向上对关节的平移进行约束，如图 6-35 所示。

图 6-33

图 6-34

图 6-35

6.5 添加姿势

我们在骨架中连接好了各个骨骼，而且对关节做了适当的约束，这些都使摆放姿势变得更容易了。接下来将在时间轴中插入一些姿势，就像在补间动画中插入关键帧一样。

6.5.1 插入姿势

我们的目标是插入一些姿势来形成自然的蹬车动作。我们会再为女孩的脚创建 8 个姿势，这些姿势差不多覆盖了蹬车动作的一圈。蹬一圈会持续 48 帧，所以每个姿势占 6 帧。

> **注意** 处理骨架图层时，"姿势"和"关键帧"这两个术语本质上是一样的。

❶ 在时间轴中，选择第 6 帧，如图 6-36 所示。

❷ 移动女孩的脚和踏板，使其位于大约 1 点钟方向的位置上，左脚在另外一侧，如图 6-37 所示。

图 6-36

图 6-37

此时，Animate 会在第 6 帧处插入一个新姿势，如图 6-38 所示。

❸ 在时间轴上，选择第 12 帧，如图 6-39 所示。

图 6-38

图 6-39

❹ 移动女孩的脚和踏板，使其位于大约 3 点钟方向的位置，如图 6-40 所示。

❺ 使用同样的方法，继续添加新的姿势，每 6 帧添加一个，并且沿着粉色圆圈移动女孩的脚和踏板。总共有 9 个姿势，占 48 帧，第一个姿势和最后一个姿势是一样的，如图 6-41 所示。

> **提示** 请确保第一个姿势和最后一个姿势完全一样，具体做法是：复制第一个关键帧，然后将其粘贴到最后一帧处；或按住 Option 键（macOS）或 Alt 键（Windows），把第一个关键帧拖曳至第 48 帧。

可以在时间轴上编辑姿势，就像编辑补间动画的关键帧一样。使用鼠标右键单击时间轴，从弹出的快捷菜单中选择【插入姿势】，插入一个新姿势。使用鼠标右键单击某个姿势，从弹出的快捷菜单中选择【清除姿势】，可从图层中清除该姿势。按住 Command 键（macOS）或 Ctrl 键（Windows），单击某个姿势，可将其选中。沿着时间轴拖动姿势，可将其移动到其他位置。

图 6-40

图 6-41

选择时间轴上的动画，在【属性】面板的【帧】选项卡下，选择缓动类型和强度，可向逆向运动学动画应用缓动。通过慢慢启动（缓入）或慢慢结束（缓出），缓动能够对动画做出一定的调整。

⑥ 在时间轴顶部，单击【循环】按钮，或按 Shift+Option+L（macOS）/Shift+Alt+L（Windows）组合键，调整一下播放区间标记，使其覆盖整个动画（第 1 帧～第 48 帧），如图 6-42 所示。

图 6-42

⑦ 单击时间轴顶部的【播放】按钮，或按 Return 键（macOS）/Enter 键（Windows），循环播放动画。

6.5.2　制作挥手和摆头动画

前面制作好了蹬车动画。接下来为女孩制作挥手和摆头动画。

❶ 选择第 18 帧，把女孩的左手臂往上移动，调整成图 6-43 所示的形态。

❷ 选择第 24 帧，移动女孩的前臂，使其稍微伸直，如图 6-44 所示。

❸ 选择第 30 帧，向上旋转左前臂，使其靠近女孩头部，完成挥手动作，如图 6-45 所示。

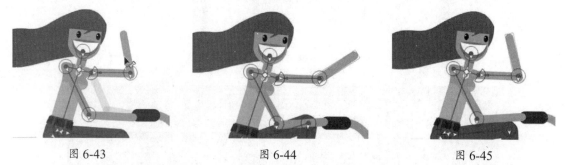

图 6-43　　　　　　　　　　图 6-44　　　　　　　　　　图 6-45

❹ 在女孩的挥手动作中选择某一帧，稍微旋转女孩的头部，让女孩在挥手时摆一下头。

6.6　形状内的逆向运动学

女孩和自行车都是由多种影片剪辑元件的实例组成的骨架。可以在形状内创建骨架，这特别适合用来为没有明显关节或节段的对象制作有关节运动的动画。例如，章鱼的腕足本来是没有关节的，但是，可以在腕足中添加骨骼，使其有起伏运动。借助这项技术，我们还可以轻松地为蛇、飘动的旗帜、随风摆动的叶子等制作动画。接下来，制作女孩头发随风飘动的动画。

6.6.1　在形状内添加骨骼

女孩的头发是一个形状，里面填充着红色，无描边。下面在头发中添加骨骼，制作头发随风飘动的动画。

❶ 在【库】面板中，展开 Girl Bicycle__assets__ 文件夹，双击 Ruby_Head 影片剪辑元件，如

图 6-46 所示。

❷ 在元件编辑模式下，女孩的头发在底部的图层上，如图 6-47 所示。

图 6-46

图 6-47

❸ 在【工具】面板中选择【骨骼工具】。

❹ 在头发内部，把鼠标指针移动到右上角的某个位置，然后按住鼠标左键，向左下方拖动，如图 6-48 所示。

Animate 会在女孩头发内部创建一个骨骼，并把它移动到骨架图层上。

❺ 单击第一个骨骼的末端，按住鼠标左键，朝着发梢方向拖动一小段距离，创建出第二个骨骼。

❻ 使用同样的方法，再创建两个骨骼，使头发骨架中总共有 4 个骨骼，如图 6-49 所示。

图 6-48

❼ 骨架制作完成后，使用【选择工具】拖动最后一个骨骼，观察头发是如何随着骨架的变化而变化的，如图 6-50 所示。

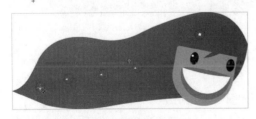

图 6-49

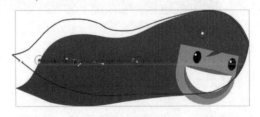

图 6-50

6.6.2 制作头发动画

在形状内制作骨架动画的过程与为影片剪辑元件的实例制作骨架动画的过程一样。在时间轴上添加关键帧，为骨架创建不同的姿势。

❶ 同时选中 3 个图层的第 40 帧，从菜单栏中依次选择【插入】>【时间轴】>【帧】（按 F5 键）。

Animate 会在时间轴上添加 40 个帧，如图 6-51 所示。女孩头发动画的帧数与主时间轴中的蹬车动画的帧数不一致，这种不一致会使动画显得更自然、更真实。

图 6-51

❷ 在时间轴上，把播放滑块移动到第 15 帧处，如图 6-52 所示。

❸ 移动头发中的骨架，使头发变形。移动某个骨骼时，按住 Shift 键，可只做旋转变化，如图 6-53 所示。

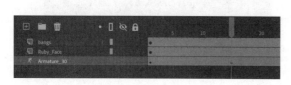

图 6-52

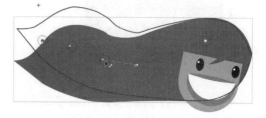

图 6-53

Animate 会在第 15 帧处为头发插入一个新姿势。

❹ 把播放滑块移动到第 25 帧处。

❺ 再次移动女孩头发中的骨架，调整头发的位置。

Animate 会在第 25 帧处为头发插入一个新姿势。

❻ 按住 Option 键（macOS）或 Alt 键（Windows），把第一个姿势拖动至最后一帧（第 40 帧），如图 6-54 所示。

图 6-54

Animate 会把第一个姿势复制到第 40 帧，使头发的起始位置和结束位置一样。

❼ 退出元件编辑模式，测试影片。

在动画中，可以看到女孩在蹬车，头发随着飘动，如图 6-55 所示。

❽ 向 bangs 图层中的刘海添加一个骨架，然后制作动画，让刘海飘动起来，如图 6-56 所示。

> 💡注意　通过骨架控制形状时，需要把形状中的锚点和骨骼对应起来。可以使用【绑定工具】编辑骨骼间的连接点和控制点，精确调整骨骼行为。在使用【绑定工具】之前，需要先从【拖放工具】面板把它添加到【工具】面板中。关于如何使用【绑定工具】，请参考 Animate 的帮助文档。

图 6-55

图 6-56

6.7 使用【弹簧】功能做物理模拟

前面学习了如何使用骨架在不同关键帧中为角色、对象摆放姿势，以创建平滑、自然的运动动画。其实，还可以向骨架添加一些物理特性，使骨架在从一种姿势变换成另外一种姿势时做出一定反应。【弹簧】功能可以轻松地实现这一点。

不论是为影片剪辑元件的实例还是为形状制作骨骼动画，都可以使用【弹簧】功能来做物理模拟。一个有弹性的物体会产生一定的弹力，当它运动时，它本身会有一些抖动，甚至在停止运动之后还会继续抖动。弹力大小取决于物体本身。例如，一根悬空的绳子的抖动幅度会非常大，而一个跳水板的抖动幅度会比较小。我们不仅可以为不同物体设置不同大小的弹力，还可以为同一个骨架中的不同骨骼设置不同的弹力，以精确控制不同部位的刚度或弹力。例如，在一棵树中，较大的树枝的弹力要比较小的树枝的弹力小。

6.7.1 向女孩头发中的骨架添加弹力

下面向女孩头发中的骨架添加弹力，使其在关键帧中的动作发生后还有一些多余的运动。弹力值的取值范围是0（无弹力）到100（最大弹力）。

❶ 在【库】面板中，双击 Ruby_Head 影片剪辑元件，进入元件编辑模式。

❷ 在元件编辑模式下，在女孩头发中选择最后一个骨骼，如图 6-57 所示。

图 6-57

❸ 在【属性】面板的【弹簧】区域下，把【强度】设置为 100，如图 6-58 所示。

最后一个骨骼位于头发末端，它是整个骨架中弹力最大的部分，而且会有独立的运动。

❹ 在骨架中，选择倒数第二个骨骼。选择时，可以直接在舞台中单击它，也可以在【属性】面板中单击向上箭头进行选择。

❺ 在【属性】面板的【弹簧】区域中，把【强度】设置为 70，如图 6-59 所示。

相比于骨架末端，骨架中间的弹力会更小一点，所以要把【强度】设置得小一点。

❻ 单击倒数第三个骨骼，在【属性】面板的【弹簧】区域中，把【强度】设置为 30。

相比于骨架中间，骨架根部的弹力更小，所以要把【强度】设置得更小一点。

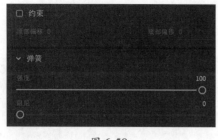

图 6-58

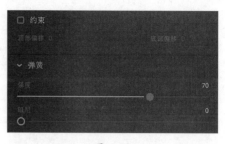

图 6-59

在最后一个姿势之后有多余的帧时，弹跳效果会更明显。有了多余的帧，在最后一个姿势结束后，才能看到弹跳效果。

❼ 为所有图层添加帧至第 100 帧，如图 6-60 所示。

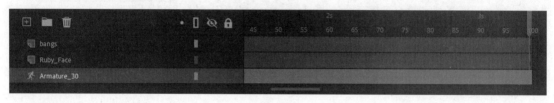

图 6-60

❽ 测试影片。

在动画中，女孩的头发从第一个姿势依次变到下一个姿势，甚至在最后一个姿势结束之后，头发还在轻微摇摆。头发的骨架来回旋转，再配合骨骼的弹性，可模拟真实的物理效果，使动画更加真实。

大家可以多尝试一些不同的弹力值，并根据呈现效果选择最适合你的动画的一个值。

6.7.2　添加阻尼效果

阻尼指的是弹簧效果随着时间减弱的程度。在前面动画中，如果头发无限期地摆动下去，就不真实了。随着时间的流逝，头发摆动的幅度应该越来越小，到最后完全停止。我们可以为每个骨骼设置一个阻尼值（0 ～ 100），用来控制摆动效果减弱的速度。

❶ 选择头发中的最后一个骨骼，在【属性】面板的【弹簧】区域下，把【阻尼】设置为 50，如图 6-61 所示。

设置【阻尼】之后，头发摆动的幅度会随着时间的推移逐渐减小。

图 6-61

❷ 在骨架中，选择倒数第二个骨骼，在【属性】面板的【弹簧】区域下，把【阻尼】设置成最大值（100）。

❸ 选择设置了【强度】的其他骨骼，分别设置【阻尼】，逐渐减小摆动幅度。

❹ 从菜单栏中依次选择【控制】>【测试】，观看阻尼属性对女孩头发运动的影响。

在动画中，女孩的头发仍然会摇摆，但很快会停下来。设置【阻尼】有助于增加骨架的重量感。在制作骨骼动画的过程中，可以在【弹簧】区域下多尝试设置【强度】和【阻尼】，从中找到使动画最自然的数值。

6.8 自动旋转补间

到这里，动画就要制作好了。女孩有了蹬车和挥手动作，头发也在随风飘动，但是自行车的车轮和曲轴臂还是静止的，需要为它们制作旋转动画，让它们转起来。

6.8.1 制作车轮旋转动画

接下来，在 bike_frame 影片剪辑元件内为车轮制作旋转动画。

❶ 在舞台中，双击自行车车架。

进入 bike_frame 影片剪辑元件编辑模式，这里进行原地编辑，周围其他所有图形都可见（呈灰色显示）。

❷ 双击自行车后轮，进入 Wheel_Turning 影片剪辑元件编辑模式，如图 6-62 所示。

❸ 在舞台中，单击车轮将其选中。然后，在时间轴顶部，选择【创建补间动画】。

Animate 会创建一个补间图层，并添加 30 帧，如图 6-63 所示。

图 6-62

图 6-63

❹ 在补间内单击，在【属性】面板的【旋转】下拉列表下选择【顺时针】，【计数】保持默认值【1x】，如图 6-64 所示。

此时，车轮会自动围绕着变换点（位于车轮中心）沿顺时针方向旋转一圈。

自行车前轮也是 Wheel_Turning 影片剪辑元件的一个实例，所以就不需要再创建一个补间动画了。到这里，自行车车轮的旋转动画就制作好了。

图 6-64

6.8.2　添加曲轴臂

下面，使用曲轴臂把踏板连接到自行车上，使齿轮旋转起来。

❶ 在【库】面板中，双击 crank_animation 影片剪辑元件，如图 6-65 所示。

此时，进入元件编辑模式，如图 6-66 所示。

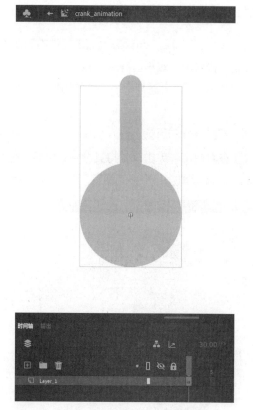

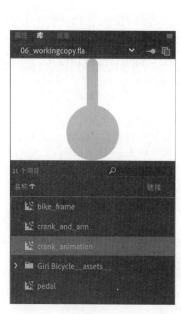

图 6-65

图 6-66

❷ 选择舞台中影片剪辑元件的实例，或者单击时间轴上的第一个关键帧，在时间轴上方选择【创建补间动画】。

此时，Animate 会在补间图层上添加 30 帧，如图 6-67 所示。

图 6-67

❸ 添加帧，使补间图层有 48 帧，如图 6-68 所示。

图 6-68

曲轴臂的旋转动画必须与女孩蹬踏板的动作保持一致，因此帧数必须是一样的（48 帧）。

④ 选择补间，在【属性】面板中，在【旋转】下拉列表中选择【顺时针】，【计数】设置为【1x】，如图 6-69 所示。

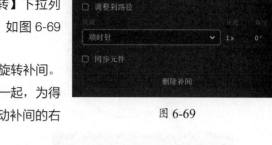

图 6-69

此时，Animate 会沿顺时针方向自动添加一圈旋转补间。

⑤ 第 1 帧和第 48 帧完全一样，它们重叠在一起，为得到一个无缝圆圈，我们必须做一点调整。向右拖动补间的右边缘，把补间延长至第 49 帧，如图 6-70 所示。

⑥ 在第 48 帧处，插入一个关键帧，如图 6-71 所示。

⑦ 删除第 49 帧，如图 6-72 所示。

图 6-70

图 6-71

图 6-72

此时，旋转动画中仍然有 48 帧，但结束关键帧和起始关键帧变得不一样了，得到了无缝圆圈。

⑧ 进入 bike_frame 影片剪辑元件编辑模式，把 crank_animation 元件的一个实例添加到 front_pedal 图层，并使实例正好在粉色圆圈内，如图 6-73 所示。

⑨ 复制 crank_animation 实例。

⑩ 选择 back_pedal 图层，从菜单栏中依次选择【编辑】>【粘贴到当前位置】命令［按 Command+Shift+V（macOS）/Ctrl+Shift+V（Windows）组合键］。

从菜单栏中依次选择【编辑】【粘贴到当前位置】命令，Animate 会把副本粘贴到原位。

⑪ 确保变换点位于曲轴臂中心，然后从菜单栏中依次选择【修改】>【变形】>【垂直翻转】。

实例垂直翻转后，曲轴臂向下指。若变换点不在曲轴臂中心，请使用【任意变形工具】将其移动到中心。

隐藏 back_pedal 图层上方的图层，可以看到踏板、变换点，以及实例翻转后的样子。不过，当前曲轴臂是沿逆时针方向旋转的，如图 6-74 所示。

⑫ 从菜单栏中依次选择【修改】>【变形】>【水平翻转】。

水平翻转 crank_animation 实例之后，就变成沿顺时针方向旋转了。

⑬ 使用鼠标右键单击 rotation_guide 图层，从弹出的快捷菜单中选择【属性】。

⑭ 在【图层属性】对话框中，在【类型】下选择【引导层】，单击【确定】按钮，如图 6-75 所示。

> ♀ 注意　发布项目时，引导层不会显示出来。在时间轴中，引导层左侧有一个特定的图标。

⑮ 退出元件编辑模式，测试影片，如图 6-76 所示。

在动画中，女孩骑着自行车，曲轴臂随着脚的动作旋转。在放置女孩的脚和踏板时，粉色圆圈起引导作用，现在并没有显示，它在引导层中。

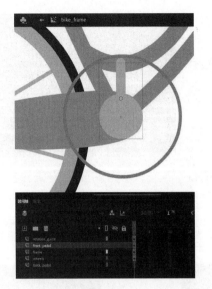

图 6-73

图 6-74

图 6-75

图 6-76

6.9 使用【装配映射】功能

在 Animate 中，可以使用【装配映射】功能轻松地把已有骨架应用到不同的图形上，例如为不同角色应用同一个步行动画。

可以把骨架动画保存到【资源】面板中，也可以使用 Adobe 提供的多种资源。

6.9.1 把骨架动画保存到【资源】面板中

在把骨架动画保存到【资源】面板中之前，必须先把它以影片剪辑元件的形式保存到【库】面板中。

❶ 在女孩骑车的动画中，选择骨架图层。使用鼠标右键单击骨架图层，从弹出的快捷菜单中选择【将图层转换为元件】，如图 6-77 所示。

❷ 在【将图层转换为元件】对话框中，在【名称】中输入 Ruby_bike_animation，在【类型】下拉列表中选择【影片剪辑】，单击【确定】按钮，如图 6-78 所示。

图 6-77   图 6-78

此时，Animate 会把骨架图层保存到一个影片剪辑元件中，可以在【库】面板中找到它，如图 6-79 所示。

❸ 使用鼠标右键单击转换好的影片剪辑元件，从弹出的快捷菜单中选择【另存为资源】，如图 6-80 所示。

图 6-79   图 6-80

❹ 在【另存为】对话框中，在【标记】中输入一些关键字，不同关键字之间用逗号隔开，这些

关键字是用来搜索该资源的。由于我们希望保存图形、骨架、动画，所以要在【资源】中勾选【对象】【骨骼】【运动】，单击【保存】按钮，如图 6-81 所示。

此时，Animate 会把动画保存到【资源】面板的【自定义】选项卡下，如图 6-82 所示。

图 6-81

图 6-82

若只勾选【骨骼】和【运动】（不勾选【对象】），则 Animate 会把动态骨架保存到【资源】面板中，如图 6-83 所示。

6.9.2 使用【装配映射】把骨架动画应用到新图形上

下面学习如何使用【装配映射】把骨架动画应用到新图形上。

❶ 打开 06Start 文件夹中的 06Start_rigmapping.fla 文件。

这个示例文件中包含一个角色，他由几个影片剪辑元件的实例组成。

❷ 选择舞台中的所有实例，如图 6-84 所示。

❸ 在【资源】面板中的【默认】选项卡下，展开【动画】区域，

❹ 在筛选依据中分别选择【字符】和【操纵】，然后选择 Character Walk_Side 资源，如图 6-85 所示。

图 6-83

图 6-84

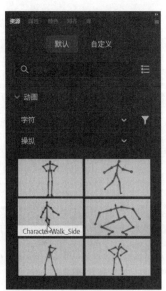

图 6-85

⑤ 拖动 Character Walk_Side 资源，将其放到所选的角色实例上。

此时，弹出【装配映射】面板，如图 6-86 所示。

Animate 会尝试把骨架映射到影片剪辑元件的实例上。若 Animate 无法自动完成映射，则需要手动指出影片剪辑元件的实例和各个骨骼的对应关系。

⑥ 选择根节点，即臀部，其在【装配映射】面板中会突出显示，如图 6-87 所示。

图 6-86　　　　　　　　　　　　　　　　　　图 6-87

⑦ 在舞台中，单击角色臀部对应的影片剪辑元件的实例，如图 6-88 所示。

当影片剪辑元件的实例与相应的骨架部分匹配时，两者都以绿色显示，如图 6-89 所示。

图 6-88　　　　　　　　　　　　　　　　图 6-89

⑧ 在【装配映射】面板中，单击下一个骨骼和舞台中对应的影片剪辑元件的实例，如图 6-90 所示。

匹配错误时，可单击骨骼上的减号，移除链接，然后选择正确的。

⑨ 手动把骨骼与舞台中对应的实例匹配起来，直到整个装配映射过程完成。单击【应用骨架】按钮，如图 6-91 所示。

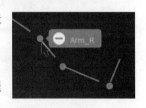

图 6-90

在整个装配映射过程完成后，骨架就应用到了影片剪辑元件的实例上，装配映射图变成粉色，如图 6-92 所示。

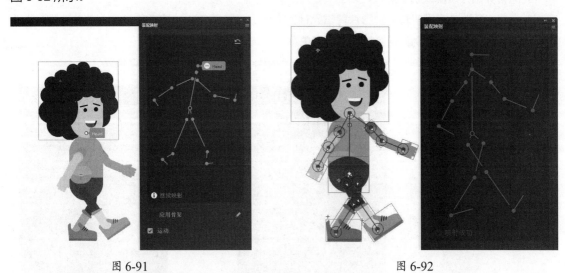

图 6-91　　　　　　　　　　　　　　　　图 6-92

此时，骨架姿势出现在时间轴上，如图 6-93 所示。

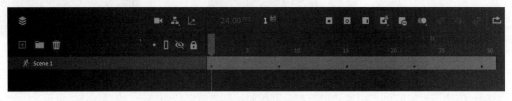

图 6-93

❿ 测试影片，如图 6-94 所示。

图 6-94

💡 注意　如果只希望应用骨架（不包括动画），请在【装配映射】面板中取消勾选【运动】。

6.10 复习题

❶【骨骼工具】有哪两种用法?

❷ 请说出这几个术语的区别: 骨骼、关节、骨架。

❸ 骨架的层级是什么?

❹ 如何禁止关节的旋转?

❺ 在【弹簧】功能中, 强度与阻尼指什么?

❻ 如何把骨架保存到【资源】面板中?

6.11 答案

❶ 可以使用【骨骼工具】把影片剪辑元件的实例连接起来, 形成一个可摆放姿势的带关节的对象, 并通过逆向运动学制作动画; 可以使用【骨骼工具】为某个形状创建骨架, 进而为这个形状摆姿势, 以及通过逆向运动学制作动画。

❷ 骨骼用于连接各个影片剪辑元件的实例, 或者构成某个形状的内部结构, 以方便使用逆向运动学制作动画。关节是骨骼之间的连接部位, 可旋转、平移 (沿 x 轴、y 轴平移)。骨架是完整的带关节的对象, 它们在时间轴上有自己特有的骨架图层, 可在骨架图层中为动画插入动作。

❸ 骨架由骨骼组成, 这些骨骼在层级中是有顺序的。把一个骨骼连接至另外一个骨骼, 其中一个是父骨骼, 另外一个是子骨骼。一个父骨骼可以有多个子骨骼, 子骨骼之间是兄弟关系。

❹ 在【属性】面板的【旋转】区域中关闭【启用】选项, 可以禁止关节旋转。

❺ 强度是指骨架中骨骼的弹力大小。通过【弹簧】功能添加弹力, 可模拟物体运动时其弹性部分的抖动方式, 在物体停下来时, 抖动仍会继续。阻尼是指随着时间的推移, 弹簧效果减弱的程度。

❻ 把骨架转换成影片剪辑元件, 然后在【库】面板中, 使用鼠标右键单击该影片剪辑元件, 从弹出的快捷菜单中选择【另存为资源】。在【另存为】对话框中勾选【骨骼】, Animate 会把骨架保存到【资源】面板的【自定义】选项卡下。

制作摄像机动画

课程概览

本课主要讲解以下内容。

- 开启摄像机
- 隐藏或显示摄像机
- 平移、旋转、缩放摄像机
- 使用【图层深度】面板添加空间深度感

- 把图层连接至摄像机图层，使其不受摄像机运动的影响
- 向摄像机应用色彩效果

学习本课至少需要 **1** 小时

　　合理地使用【摄像头】工具可以把观众的注意力吸引到你的动画上。配合使用平移、缩放、旋转等技术，可使动画效果更丰富。结合【图层深度】面板，可使画面有强烈的空间深度感。

7.1 学习使用摄像机

前面学习了如何为元件实例的不同属性（如位置、缩放、旋转、透明度、滤镜、3D位置）制作动画，还学习了如何使用缓动制作复杂的运动动画，以及如何借助【骨骼工具】和【资源变形工具】利用图层结构和骨骼制作角色动画。

作为一名动画师，我们不仅要会为舞台中的角色、对象设计动作，还要会控制摄像机，就像电影导演一样。也就是说，我们要控制摄像机的朝向来拍摄角色动作，还要通过移动、旋转摄像机来获得特殊效果。在 Animate 中，可以使用【摄像头】工具来控制摄像机的这些运动。

7.2 课前准备

我们先观看一下最终影片，了解一下我们本课要制作一个什么样的动画视频（教育演示视频）。

① 在 Lesson07/07End 文件夹中，双击 07End.mp4，播放视频，如图 7-1 所示。

Juno uses Earth's gravity as a slingshot

图 7-1

这个动画视频演示了朱诺号木星探测器从地球飞往木星的轨道（朱诺号于 2011 年从地球发射，2016 年抵达木星）。读者可能经常在教育网站或天文博物馆中见到类似的演示动画。请注意动画中观众的视角是如何变化的，以及摄像机是如何跟踪朱诺号在太阳系中的运动的。而且在动画的不同时间点，还会出现字幕进行辅助说明。

② 关闭 07End.mp4 视频。

③ 在 Lesson07/07Start 文件夹中，双击 07Start.fla 文件，在 Animate 中打开初始项目文件，如图 7-2 所示。

这个文件是一个 ActionScript 3.0 文档，其中包含朱诺号轨道、运动的木星和地球，但是没有摄像机移动动画（这是本课要制作的内容）。此外，【库】面板中还有一些其他的图形元素供我们制作动画时使用。

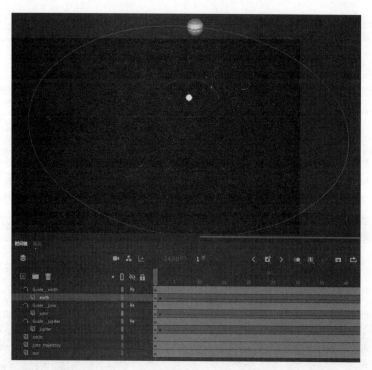

图 7-2

④ 从菜单栏中依次选择【文件】>【另存为】，在【另存为】对话框中，输入名称 07_workingcopy.fla，将其保存到 07Start 文件夹中。

在学习过程中，请不要直接使用初始项目文件，最好使用它的副本，这样当你希望推倒重来时，仍然有原封不动的初始项目文件可用。

⑤ 从菜单栏中依次选择【控制】>【测试】。此时，Animate 会打开一个新窗口，供你预览动画，如图 7-3 所示。

图 7-3

在新窗口中，可以看到太阳系的一部分，中间是太阳，地球、木星绕着太阳公转。朱诺号从地球发射升空，沿着灰色轨道运动。请认真观察朱诺号是如何在地球引力弹射作用下飞向木星的。

动画的效果不错，舞台中展现了所有运动，包括行星的公转和朱诺号的运动。不过，画面有点简单，会因为观看时缩放级别的不同而效果不一。当朱诺号再次靠近地球时，它会在地球引力弹弓作用下加速飞向木星。如果能够近距离观看到朱诺号靠近地球，然后被加速抛出的过程，动画的观赏性会大大提高。这时，【摄像头】工具就派上用场了。下面制作摄像机动画，使观众的视线紧紧跟着朱诺号。需要观看细节时，就拉近镜头；需要观看大场景时，就拉远镜头。

了解项目文件

07_workingcopy.fla 项目文件中包含 3 个动画图层，分别是 earth、juno、jupiter，各个图层都含有传统补间，而且每个图层都有一个运动引导层。运动引导层用于确保各个对象沿着指定的轨道运动。发布动画时，传统补间的运动引导层不会显示出来。为了把行星的公转轨道和朱诺号的运动轨道显示出来，我们需要把轨道分别复制到名为 orbits 和 juno_trajectory 的图层上。sun 图层在底部，其中包含太阳，如图 7-4 所示。

图 7-4

7.3 使用摄像机

可以把摄像机看成一个普通对象，可以向其应用运动补间或传统补间来制作位置、旋转、缩放动画。如果你已经熟悉关键帧和补间，那【摄像头】工具应该能很快上手。

7.3.1 开启摄像机

开启摄像机有两种方法：一是选择【工具】面板中的【摄像头】工具（默认设置下，【摄像头】工具隐藏在【拖放工具】面板中）；二是单击【时间轴】面板顶部的【添加 / 删除摄像头】按钮，如图 7-5 所示。

添加/删除摄像头

开启摄像机后，Animate 会在最上方添加一个 Camera 图层，并将其选中，如图 7-6 所示。同时，舞台中会显示出摄像机控件，如图 7-7 所示。

图 7-5

Camera图层

图 7-6

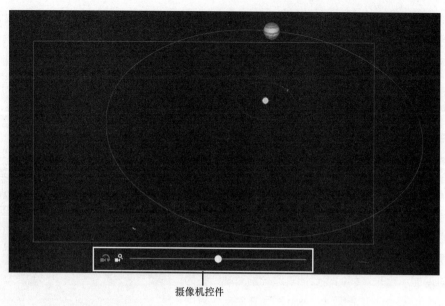

摄像机控件

图 7-7

7.3.2 摄像机图层的特点

摄像机图层的操作与用来添加图形的普通图层的操作略有不同。

- 舞台变成摄像机的取景框。
- 只能有一个摄像机图层，且摄像机图层总是位于其他所有图层之上。
- 无法重命名摄像机图层。
- 不能在摄像机图层中添加对象或绘制图形，但可以在其中添加传统补间或运动补间，以制作摄像机移动动画和滤镜动画。
- 使用【摄像头】工具时，无法移动或编辑其他图层中的对象。选择【选择工具】或者单击【时间轴】面板顶部的【删除摄像头】按钮，可禁用摄像机。

> 💡 **注意** 并非所有类型的 Animate 文档都允许使用【摄像头】工具。

7.3.3 设置摄像机画面

使用摄像机控件调整摄像机画面，使其只显示太阳系的一小部分，聚焦到第一个动作：朱诺号从地球发射升空。

① 激活【摄像头】工具，此时舞台中会显示出摄像机控件，里面有两个模式按钮，一个用于旋转摄像机，另一个用于缩放摄像机，如图 7-8 所示。在默认设置下，缩放模式按钮处于高亮状态。

缩放

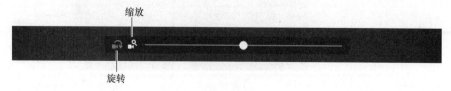

旋转

图 7-8

❷ 向右拖动滑块，拉近镜头。

❸ 把滑块拖动到滑动条的最右端，释放鼠标左键。

此时，滑块会迅速跳回到滑动条中间，可以继续向右拖动滑块，以进一步拉近镜头。

此外，还可以在【属性】面板的【摄像机设置】区域中，在【缩放】中直接输入数值来设置缩放比例，如图 7-9 所示。

图 7-9

❹ 向右拖动滑块，直至缩放值变为大约 260%，如图 7-10 所示。

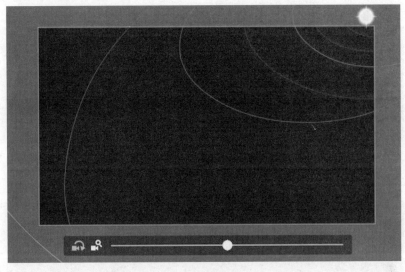

图 7-10

❺ 拖动摄像机，使太阳位于舞台的中心位置，同时轨道也出现在视图中，如图 7-11 所示。此时，在【属性】面板的【摄像机设置】区域中，【X】值大约是 -309、【Y】值大约是 221。

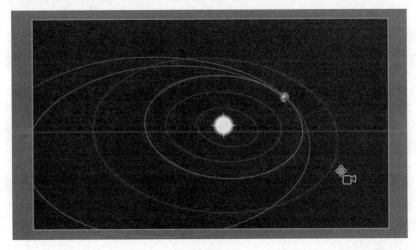

图 7-11

> **注意** 使用摄像机缩放模式时，请注意图像的分辨率。与位图一样，过分放大图像，图像的不足就会暴露出来。

拖动摄像机时，拖动方向与画面中对象的移动方向正好相反，这是因为我们移动的是摄像机而不是对象。

沿着时间轴拖动播放滑块，观看动画，会发现距离更近了。

7.3.4 制作画面缩小动画

使用摄像机控件放大画面之后，可以清楚地看到朱诺号从地球发射升空的情景。但是，在 60 帧左右，朱诺号就运动到画面外去了。此时，我们希望把画面缩小一些，使朱诺号始终在画面中。这里，我们会关闭时间轴上的【自动插入关键帧】功能，手动插入所有关键帧。

① 在 Camera 图层上，选择第 24 帧，如图 7-12 所示。

图 7-12

② 在第 24 帧处，插入一个关键帧（按 F6 键），如图 7-13 所示。

图 7-13

从第 1 帧到第 24 帧，摄像机处于放大位置。从第 24 帧开始，制作摄像机运动动画。

③ 选择刚刚在第 24 帧处插入的关键帧，在时间轴上方选择【创建补间动画】，如图 7-14 所示。

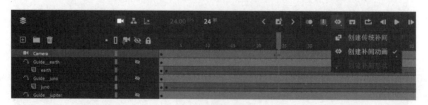

图 7-14

这样，从第 24 帧开始就有了补间动画，Camera 图层上会出现一个金黄色补间范围，如图 7-15 所示。

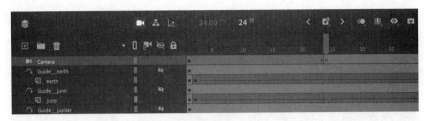

图 7-15

④ 把播放滑块移动到第 72 帧处。

⑤ 向左拖动摄像机缩放滑块，缩小画面，显示出更多内容，如图 7-16 所示。在【属性】面板的【摄像机设置】区域下，把【缩放】设置为 170% 左右。

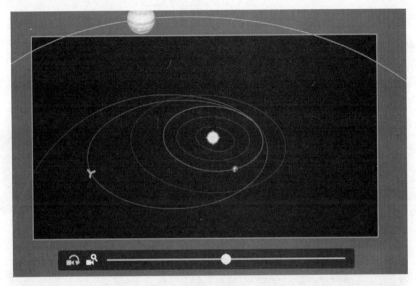

图 7-16

移动摄像机，使朱诺号大致位于画面中心，如图 7-17 所示。此时摄像机的位置大约是 x=20、y=91。

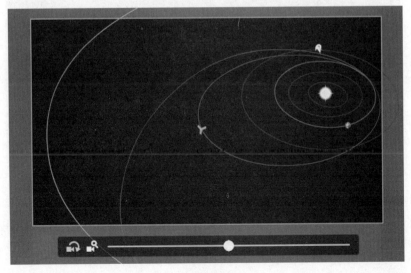

图 7-17

Animate 会自动在第 72 帧处创建一个关键帧，其中记录着摄像机的新缩放值和新位置，如图 7-18 所示。

图 7-18

⑥ 在第 24 帧与第 72 帧之间，沿着时间轴拖动播放滑块，观看动画效果。

随着朱诺号远离地球，摄像机会运动，确保朱诺号始终在画面中。

7.3.5 制作平移动画

平移是指摄像机左右移动或上下移动。接下来，为摄像机制作平移动画，使其跟随朱诺号慢慢从左侧移动到右侧。

① 沿着时间轴，把播放滑块拖动到第 160 帧处。

② 在舞台中，向右移动摄像机。移动时，按住 Shift 键可以保证移动仅沿着水平方向进行。当然，还可以在【属性】面板中设置【X】值（水平位置），使其变为 –250，如图 7-19 所示。

此时，朱诺号大致位于画面中间，如图 7-20 所示。

图 7-19

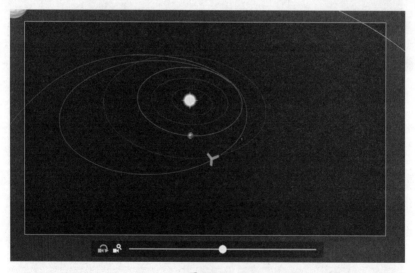

图 7-20

③ Animate 会自动在第 160 帧处创建一个关键帧，记录摄像机的新位置，如图 7-21 所示。

④ 按 Return 键（macOS）或 Enter 键（Windows），预览补间动画。动画开始时，先缩小画面（第 24 帧到第 72 帧），然后从左到右平移画面（第 72 帧到第 160 帧），跟踪朱诺号运动。

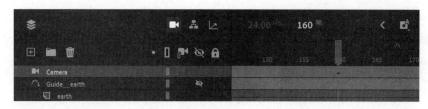

图 7-21

7.3.6 制作画面放大动画

动画中的一个关键节点是：朱诺号升空后在太空中再次与地球相遇，并在地球引力弹弓作用下飞向木星。下面制作画面放大动画，以清晰地展现这个过程。

❶ 使用鼠标右键单击第 160 帧，从弹出的快捷菜单中依次选择【插入关键帧】>【全部】，如图 7-22 所示。

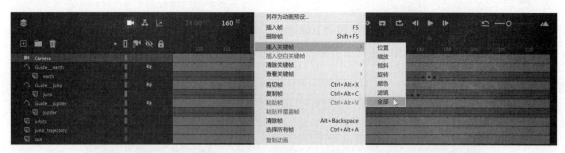

图 7-22

在第 160 帧处为摄像机的所有属性插入一个关键帧，确保缩放、位置、旋转变化是从第 160 帧开始的，而不是从时间轴上某个更早的时间点开始。

❷ 沿着时间轴，把播放滑块移动到第 190 帧处。

此时，朱诺号离地球最近。

❸ 在舞台中，缩放与移动摄像机，把地球与朱诺号放大，并使其大约位于画面中心，如图 7-23 所示。此时，摄像机的缩放值大约是 760%，位置大约是【X】=-1309、【Y】=767。

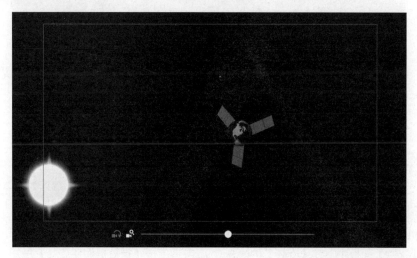

图 7-23

④ Animate 会自动在第 190 帧处创建一个关键帧。

⑤ 沿着时间轴，把播放滑块移动到第 1 帧处，按 Return 键（macOS）或 Enter 键（Windows），预览补间动画。

在第 160 帧与第 190 帧之间，当朱诺号慢慢靠近地球时，画面会放大到很大。

7.3.7 制作摄像机旋转动画

在制作动画的过程中，旋转摄像机并不常见，但在某些情况下，旋转摄像机能够产生非常棒的动画效果。这里，我们通过旋转摄像机使朱诺号靠近地球飞行时有一种强烈的迫近感。

① 在时间轴上，确保播放滑块仍然位于第 190 帧处。

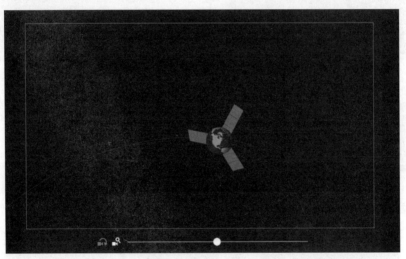

图 7-24

② 在摄像机控件中，单击【旋转】按钮，如图 7-24 所示。

③ 向右拖动滑块，使摄像机沿顺时针方向旋转（画面中的对象沿逆时针方向旋转）。

此时，在【属性】面板的【摄像机设置】区域中，【旋转】为 -39° 左右。

④ 在摄像机控件中，单击【缩放】按钮，移动摄像机，使地球背后的朱诺号大致位于画面中心，如图 7-25 所示。

图 7-25

⑤ 按 Return 键（macOS）或 Enter 键（Windows），或者沿着时间轴拖动播放滑块，预览动画。

在动画中，我们通过操控摄像机来放大和旋转画面，把朱诺号飞离地球的情景真实、自然地展现出来。

7.3.8 进一步制作摄像机运动动画

在朱诺号飞过地球之后，它会继续沿着飞行轨道，向着木星飞去。接下来，继续为摄像机制作缩放、旋转、平移动画，把朱诺号向木星的过程表现出来。

① 把播放滑块移动到第 215 帧处。在舞台中，单击摄像机画面。

② 在【属性】面板中，在【旋转】中输入 0°，或者单击【重置摄像头旋转】按钮，把摄像机的旋转角度重置为 0°，如图 7-26 所示。

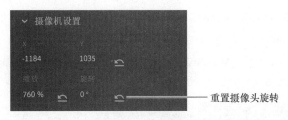

重置摄像头旋转

图 7-26

此时，摄像机画面恢复到默认角度。

③ 移动摄像机，使地球和朱诺号大致位于画面中，如图 7-27 所示。

图 7-27

④ 把播放滑块移动到第 228 帧处。

此时，朱诺号正在远离地球，我们需要继续调整摄像机。

⑤ 把缩放值修改为 90% 左右，移动摄像机，使大部分内容（包括木星轨道）出现在画面中，如图 7-28 所示。

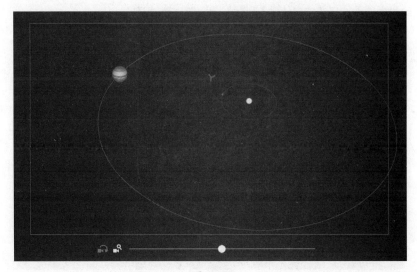

图 7-28

⑥ 在 Camera 图层，选择第 480 帧，使用鼠标右键单击它，从弹出的快捷菜单中依次选择【插入关键帧】>【全部】，新建一个关键帧，如图 7-29 所示。

在最后一个镜头要放大画面，展示朱诺号抵达木星的情景，为此必须先创建一个初始关键帧，为摄像机的缩放、位置、旋转赋初始值。

图 7-29

⑦ 把摄像机的缩放值设置为 1400% 左右，给木星一个大特写。

⑧ 移动摄像机，使木星与朱诺号大致在画面中央，如图 7-30 所示。

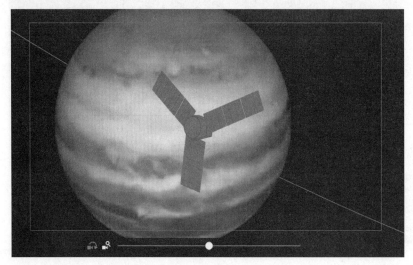

图 7-30

⑨ 从菜单栏中依次选择【控制】>【测试】，预览整个动画。

Animate 以 SWF 格式导出动画，并在一个新窗口中播放动画。在动画播放的过程中，摄像机做平移、缩放、旋转，紧跟着朱诺号从地球飞往木星，如图 7-31 所示。

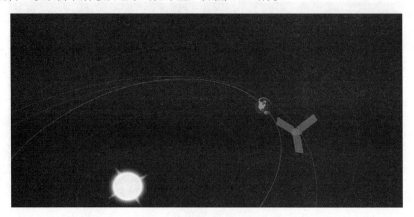

图 7-31

> **注意** 放大画面时，不要一次性把画面放得太大，否则会看不到目标图形，也就很难将其放入画面中。最好每次先放大一点，再移动摄像机，使目标图形始终处于画面中。

摄像机缓动、运动编辑器、运动路径

制作摄像机动画的方法与为舞台中的其他对象制作动画的方法一样，使用的都是补间动画或传统补间。与补间动画、传统补间一样，我们也可以向摄像机的运动应用缓动（缓入 / 缓出），使摄像机的平移、缩放、旋转更加自然、真实。使用补间动画时，在 Camera 图层中双击补间范围，可打开运动编辑器（或者使用鼠标右键单击补间范围，从弹出的快捷菜单中选择【优化补间动画】），应用复杂的缓动或者自定义属性曲线。把制作好的摄像机运动动画在运动编辑器中打开，如图 7-32 所示。

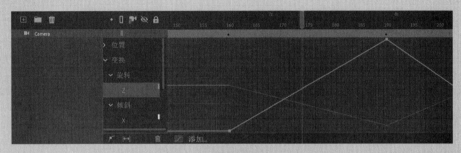

图 7-32

但是，补间动画和传统补间的所有功能摄像机并非都能用。例如，我们无法为摄像机制作沿着某条路径运动的动画。使用传统补间时，我们无法给 Camera 图层添加运动引导层，使摄像机随着指定路径运动。使用补间动画时，舞台中也没有路径可以编辑。

7.4 添加空间深度感

在现实生活中使用摄像机拍摄某个动态场景时，会感觉画面有明显的空间深度感，这是因为画面中前景元素的运动速度稍快于背景元素的运动速度。这称为"视差"效果。当我们坐在一辆疾驶的汽车中，透过车窗往外看时，就会明显地感受到这种效果：近处的树木、路牌快速地划过车窗，而远处的山脉则是缓慢地移动着。

在 Animate 中使用【图层深度】面板制作摄像机运动动画时，可以把这种空间深度感轻松地表现出来。在【图层深度】面板中，可以为某个图层设置 z 轴深度（到摄像机图层的距离）。

在默认设置下，所有图层的 z 轴深度都是 0，这表示它们到摄像机图层的距离都是一样的，摄像机的平移、缩放都是在一个平面中展开的，因此不会产生空间深度感。换言之，摄像机的平移和缩放在视觉上会引起画面的移动和变大或变小，但是各个图层之间并未发生相对运动。

> **注意** 【图层深度】面板模拟的是现实中的多平面摄像机。多平面摄像机由华特迪士尼工作室发明，并应用到他们的传统动画制作中，如《白雪公主和七个小矮人》。多平面摄像机非常庞大，它通过拍摄作品的多个图层来获得真实的空间深度感。不过，与 Animate 不同的是，迪士尼的多平面摄像机在各个图层以不同速度移动时仍会保持静止。

7.4.1 添加星星

接下来，继续完善朱诺号奔赴木星的动画，为动画画面添加空间深度感。我们会向动画中添加几个星星图层，然后为这些图层设置不同的 z 轴深度，以此表现浩瀚无垠的太空。

> **注意**　【图层深度】面板独立于【摄像头】工具。也就是说，可以在【摄像头】工具未激活的情形下使用【图层深度】面板，在拥有不同 z 轴深度的图层中放置对象，并制作动画。最终观众看到的 3D 场景是摄像机运动和具有不同 z 轴深度的图层共同作用的结果。

❶ 在时间轴中添加一个图层，然后把它移动到其他所有图层之下。

❷ 把图层重命名为 stars1，如图 7-33 所示。

stars1 图层中包含的是第一层星星。

❸ 在【库】面板中，把名为 stars1 的图形元件拖入舞台中，如图 7-34 所示。

这个星星图形由大量随机分布的灰点和白点组成。星星图形的摆放位置不用太准确，只需要选择【选择工具】，拖动星星图形，使其覆盖大部分太阳系和左侧一小部分空间即可，左侧是摄像机要移动到的地方。

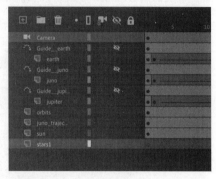

图 7-33

更改舞台的缩放级别，可以看到星星图形的更多区域，包括位于舞台之外（或摄像机画面之外）的部分。

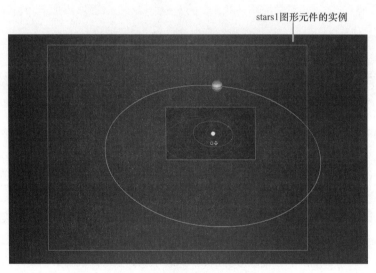

stars1图形元件的实例

图 7-34

❹ 在 stars1 图层之下添加一个 stars2 图层，然后把 stars1 图形元件拖入 stars2 图层中。

❺ 选择【任意变形工具】，把刚刚添加的星星图形旋转 180°，使 stars2 图层中的星星图形与 stars1 图层中的星星图形错开，确保星星图形覆盖了大部分太阳系空间，如图 7-35 所示。

❻ 在 stars2 图层之下添加一个 stars3 图层，然后把 stars1 图形元件拖入 stars3 图层中。

❼ 选择【任意变形工具】，把刚刚添加的星星图形旋转 55°，使 stars3 图层中的星星图形与其

他图层中的星星图形错开，如图 7-36 所示。

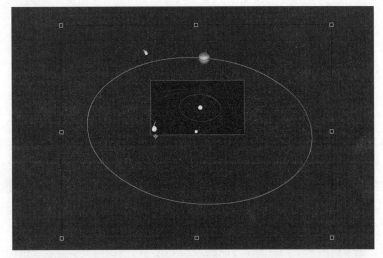

图 7-35

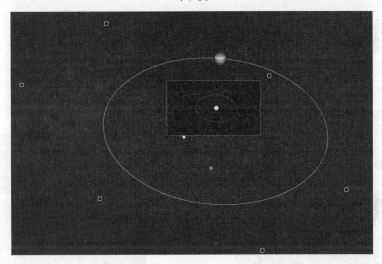

图 7-36

⑧ 在 stars3 图层中，选择第一个关键帧，在【属性】面板的【色彩效果】区域下选择【亮度】，把亮度值设置为 -60%，如图 7-37 所示。

此时，stars3 图层中的星星图形变暗了一些，有了一种距离感。

图 7-37

⑨ 按 Return 键（macOS）或 Enter 键（Windows），预览动画。

在动画中，星星背景给太阳系增加了真实感，但是星星看上去仍然在一个平面上，摄像机运动时也没有产生视差效果。接下来，使用【图层深度】面板来改变各个图层的 z 轴深度。

7.4.2　在【图层深度】面板中设置 z 轴深度

在【图层深度】面板中可以指定每个图层与摄像机图层的距离。

❶ 在【时间轴】面板中，单击【图层深度】按钮，如图 7-38 所示，或者从菜单栏中依次选择【窗

口】>【图层深度】，打开【图层深度】面板。

图 7-38

【图层深度】面板中显示着项目中的所有图层，这些图层的排列顺序与【时间轴】面板中图层的排列顺序一样。各个图层右侧的数字代表当前各个图层的 z 轴深度值，默认值是 0。z 轴深度值右侧的颜色代表该图层在深度图（显示在面板的右半部分）中用什么颜色表示，如图 7-39 所示。

当前所有图层的 z 轴深度值都为 0，也就是说，所有图层与摄像机图层之间的距离都是 0，即所有图层与摄像机在同一个平面上。

在深度图中，摄像机用一个圆点表示，由圆点出发的两条虚线与一条蓝色线条相交，两个交点之间的线段长度代表摄像机的视场宽度。

❷ 从菜单栏中依次选择【视图】>【缩放比率】>【100%】，把舞台缩放级别设置为 100%。在【图层深度】面板中，把鼠标指针移动到 stars3 图层的 z 轴深度值上，按住鼠标左键，向右拖动，将该值设置为 500，如图 7-40 所示。更改 z 轴深度值时，还可以直接单击深度值，输入新深度值，或者在面板右侧的深度图中上下拖动代表图层的彩色线条。

图 7-39   图 7-40

修改 z 轴深度值时，可以一边更改深度值一边在舞台中观察效果。随着 z 轴深度值增大，stars3 图层远离摄像机图层，图层中的星星也向后退去。反之，减小 z 轴深度值，stars3 图层离摄像机图层越来越近。

❸ 增大 stars3 图层的 z 轴深度值，会导致图层中的图形变小，无法用在动画制作中。此时，可以开启【保持大小】功能，防止更改 z 轴深度值时图形尺寸发生变化。把 stars3 图层的 z 轴深度值改为 0。

❹ 在【图层深度】面板中，单击【保持大小】按钮，开启该功能，如图 7-41 所示。

❺ 拖动 stars3 图层的 z 轴深度值，将其更改为 500。

图 7-41

此时，星星的大小保持不变。每次修改 z 轴深度值时，都要单击【保持大小】按钮。修改 stars3 图层的 z 轴深度值时，若拖动 3 次才把深度值修改成 500，那也必须单击 3 次【保持大小】按钮才行。

❻ 单击【保持大小】按钮，把 stars2 图层的 z 轴深度值设置为 300；单击【保持大小】按钮，把 stars1 图层的 z 轴深度值设置为 150，如图 7-42 所示。

【图层深度】面板的右半部分显示着深度图，从深度图中，可以知道 3 个图层相对于摄像机图层及其他图层（那些 z 轴深度值为 0 的图层）的位置。在深度图中，当前选中的图层是以粗线条显示的。

❼ 到这里，星星图层就全部设置好了。关闭【图层深度】面板，预览星星图层的设置效果。

图 7-42

沿着时间轴，在第 72 帧与第 160 帧之间拖动播放滑块，可以感受到明显的视差效果，这是摄像机面向不同深度的图层运动时产生的效果。第 72 帧到第 160 帧也是摄像机从左向右平移，跟踪朱诺号的时间段。在动画中，摄像机划过近处轨道的速度要比划过稍远一些的星星的速度快，而摄像机划过这些星星速度要比划过更远的星星的速度快。这样，我们就把浩瀚宇宙的空间感表现了出来，如图 7-43 所示。

图 7-43

💡提示 为了防止混淆，最好使【时间轴】面板中图层的排列顺序和【图层深度】面板中图层的排列顺序保持一致。如你所见，更改最上方图层的 z 轴深度值，可使其离摄像机图层最远，因此该图层中的图形不会与其他图层中的图形重叠。更改 z 轴深度值仅改变图层之间的距离。

制作z轴深度动画

请注意，z轴深度属性是与某个图层的某个关键帧相关联的。也就是说，同一个图层的不同关键帧可以有不同的z轴深度值。在示例项目中，不用担心不同关键帧有不同的z轴深度值，因为stars1、stars2、stars3图层都只有一个关键帧，即第1帧。

由于不同关键帧可以有不同的z轴深度值，所以可以在两个关键帧之间添加补间，制作靠近或远离摄像机的动画。制作z轴深度动画是打开3D世界的一扇大门，它是继【3D平移工具】【3D旋转工具】之后又一个可在3D空间中制作动画的方法。

7.5 把图层连接至摄像机图层

最后，还要在动画中添加说明文字。当朱诺号运动到某个关键位置时，画面中会显示这些文字以向观众做说明，我们不希望这些文字受摄像机运动的影响。但是，事实上，添加到舞台中的所有图形（包括文字）都会受到摄像机运动（平移、旋转、缩放）的影响，因此必须找到一种方法把一个图层固定在画面中，使其不受摄像机运动的影响。

在Animate中，可以轻松地把一个或多个图层连接至摄像机图层，使其不受摄像机运动的影响。

7.5.1 把一个图层连接至摄像机图层

在【图层属性】对话框中勾选【连接至摄像头】，Animate就会把选择的图层连接至摄像机图层。

❶ 新建一个图层，将其放到其他所有图层之下，然后将其重命名为information，如图7-44所示。该图层中包含说明文字，其会在动画的关键时间点显示在画面中。

❷ 在【时间轴】面板中，把鼠标指针移动到新创建的图层上，在右侧显示出的图标中，单击带锁链的摄像机图标。

此时，图层名称右侧会出现一个带锁链的摄像机图标，表示该图层已经连接到摄像机图层，如图7-45所示。

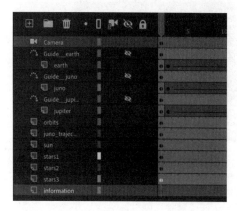

图 7-44

图 7-45

❸ 双击图层名称左侧的图层图标，或者从菜单栏中依次选择【修改】>【时间轴】>【图层属性】，打开【图层属性】对话框。

在【图层属性】对话框中，【连接至摄像头】已经处于勾选状态，如图 7-46 所示，单击【确定】按钮，关闭对话框。

图 7-46

7.5.2 添加说明文字

接下来，沿着时间轴在关键帧中添加动画的说明文字。

❶ 在动画开始之前，在第 1 帧处添加 2 秒时长（48 帧）。其中一种添加方法是：先拖选所有图层的第 1 帧，然后按 47 次 F5 键（添加帧），在 earth、juno、jupiter 图层的补间之前添加 2 秒时长，如图 7-47 所示。

图 7-47

在动画开始之前添加 2 秒的停顿，有助于观众看清第一串说明文字。

❷ 选择 information 图层的第 1 帧。

❸ 选择【矩形工具】，在【属性】面板中把【笔触颜色】设置为【无】，把【填充颜色】设置成透明度为 50% 的白色。

❹ 从画面左上角开始，绘制出一个宽为 700 像素，高为 50 像素的长条状矩形。矩形的位置坐标是 $x=0$、$y=0$。

半透明矩形作为文字背景使用，如图 7-48 所示。

图 7-48

❺ 选择【文本工具】，在【属性】面板中选择【静态文本】。

❻ 在【字符】区域中，从字体【系列】与【样式】下拉列表中，选择一种字体。把字体大小设置为 28pt（选择不同字体，可根据需要增大或减小字号），把字体颜色设置为黑色。在【段落】区域中，单击【居中对齐】按钮。

⑦ 确保【不透明度】为 100，在半透明的白色矩形中拖出一个文本框。

⑧ 输入 Juno's journey to Jupiter begins，使用【对齐】面板，使文本在水平方向和垂直方向上对齐（有关【对齐】面板的用法，请阅读第 2 课中的相关内容）。

这样，第一串说明文字就添加好了，如图 7-49 所示。

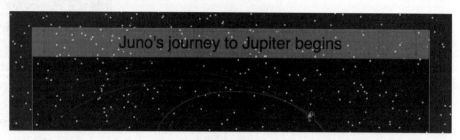

图 7-49

⑨ 在下一串说明文字出现之前，应该先让第一串说明文字消失。使用鼠标右键单击 information 图层的第 90 帧，从弹出的快捷菜单中选择【插入空白关键帧】（按 F7 键）。

此时，第 90 帧处会出现一个空白关键帧，第一串说明文字从画面中消失。

⑩ 当朱诺号再次与地球相遇时，第二串说明文字应该显示出来。在第 118 帧处添加一个关键帧。

⑪ 复制第 1 帧中的说明文字与半透明矩形，将其粘贴到刚刚添加的关键帧（第 118 帧）中，如图 7-50 所示。

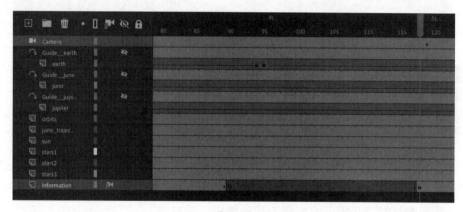

图 7-50

⑫ 把文本内容修改为 Juno heads back to Earth，如图 7-51 所示。

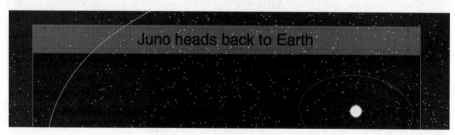

图 7-51

⑬ 使用相同的方法，添加第三串说明文字。第二串说明文字在第 192 帧处消失，第三串说明文字在第 236 帧处出现。第三串说明文字是 Juno uses Earth's gravity as a slingshot，如图 7-52 所示，

它在第 336 帧处消失。在这个过程中，可以灵活地调整文字出现的时间点和位置。

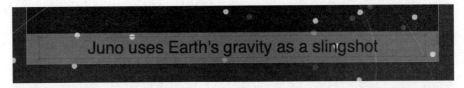

图 7-52

⑭ 最后一串说明文字是 Juno arrives at Jupiter 5 years later，如图 7-53 所示，它在第 454 帧处出现，即在朱诺号抵达木星时出现，此时，摄像机正在给木星一个特写镜头。

图 7-53

💡 **注意** 可以把多个图层连接至摄像机图层。

💡 **注意** 在把一个图层连接至摄像机图层之后，仍然可以更改这个图层的 z 轴深度值。

⑮ 在【时间轴】面板中，向上移动 information 图层，使其位于 Camera 图层之下，确保说明文字出现在其他所有图形之上。

⑯ 测试影片。

播放动画时，说明文字逐个出现。由于已经把 information 图层连接到了摄像机图层，所以其内容不受摄像机运动（包括旋转、平移、缩放）的影响。

摄像机色彩效果

我们可以向摄像机应用色彩效果及将其制作成动画，这样就可以轻松地向舞台中的整个场景添加某种色调，或者更改整个场景的对比度、饱和度、亮度、色相。色彩效果相当于添加在摄像机镜头前的滤镜，用来向场景添加某种氛围，或者创建黑白电影效果。

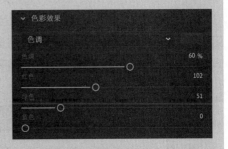

图 7-54

应用某种色彩效果时，先在摄像机图层中选择一个关键帧，在【属性】面板中，单击【工具】选项卡，展开【色彩效果】区域，从下拉列表中选择【色调】，如图 7-54 所示。选择色调颜色，或者分别修改红色、绿色、蓝色，然后修改色调值（最大值是 100%）。

例如，可以向摄像机应用一种深褐色，以模拟旧式电影胶片的感觉，如图 7-55 所示。

图 7-55

摄像机图层中的每个关键帧都可以应用色彩效果。在示例项目中，我们已经制作好了摄像机动画（摄像机图层中包含多个关键帧），如果你希望整个动画的色彩效果一致，就必须把色彩效果应用到每个新关键帧中。

7.6 导出动画

动画制作好之后，可以将其从 Animate 中导出，然后在 Adobe Media Encoder 中转换成 MP4 影片。Adobe Media Encoder 是一个独立的程序，它是 Adobe Creative Cloud 的一个组成部分。

❶ 从菜单栏中依次选择【文件】>【导出】>【导出视频 / 媒体】，打开【导出媒体】对话框。

❷ 把【渲染大小】设置为 700 像素（宽）×400 像素（高）。勾选【立即启动 Adobe Media Encoder 渲染队列】，单击【输出】右侧的文件夹图标，在【选择导出目标】对话框中选择目标文件夹和文件，单击【导出】按钮，如图 7-56 所示。

此时，Animate 会临时创建一个 SWF 文件和一个 MOV 文件，同时启动 Adobe Media Encoder。

图 7-56

❸ 在 Adobe Media Encoder 中，在【队列】面板中可以看到待渲染的导出文件，如图 7-57 所示。

❹ Animate 会自动启动编码过程。若没有启动，请在 Adobe Media Encoder 中单击【启动队列】按钮（绿色箭头），或者按 Return 键（macOS）或 Enter 键（Windows），启动编码过程。

图 7-57

Adobe Media Encoder 会把 MOV 文件转换成默认格式，这里是 H.264 格式（扩展名是 .mp4），如图 7-58 所示。

图 7-58

渲染完成后，可以把 MP4 文件上传到视频分享平台，也可以上传到你的个人网站中。

7.7 复习题

❶ 使用【摄像头】工具可以制作哪 3 种摄像机动画?

❷ 如何激活摄像机图层?

❸ 有几种方法可以把一个图层连接至摄像机图层?

❹ 什么是 z 轴深度值? 如何修改图层的 z 轴深度值?

❺ 在【图层深度】面板中,【保持大小】功能有什么用?

7.8 答案

❶ 使用【摄像头】工具可制作摄像机平移(左右平移或上下平移)、缩放、旋转动画。

❷ 激活摄像机图层有两种方法: 一是从【工具】面板中选择【摄像头】工具,二是在【时间轴】面板顶部单击【添加摄像头】按钮。

❸ 有两种方法可以把一个图层连接至摄像机图层: 一是把鼠标指针移动到目标图层上,单击显示出的带锁链的摄像机图标,此时图层右侧会出现一个带锁链的摄像机图标,表示该图层已连接至摄像机图层;二是打开【图层属性】对话框,勾选【连接至摄像头】。

❹ z 轴深度值是一个数值,表示图层与摄像机图层的距离。从菜单栏中依次选择【窗口】>【图层深度】,可打开【图层深度】面板。在【文档设置】对话框(【修改】>【文档】)中,勾选【使用高级图层】,图层深度功能才可用。在【图层深度】面板中,直接在图层名称右侧输入数值,或者上下拖动代表图层的彩色线条,即可修改图层的 z 轴深度值。

❺ 在【图层深度】面板中,开启【保持大小】功能,可在修改图层的 z 轴深度值时确保其中图形的大小不变。图层的 z 轴深度值越大,图层离摄像机图层越远,图层中的图形就会变得越小,有向后退的感觉。开启【保持大小】功能,可保证图形的大小不变。

制作形状动画和使用遮罩

课程概览

本课主要讲解以下内容。

- 使用补间形状制作形状动画
- 使用形状提示优化补间形状
- 制作渐变填充动画
- 向补间形状应用缓动
- 创建与使用遮罩
- 遮罩的不足
- 为遮罩图层和被遮罩图层制作动画

学习本课至少需要 **1** 小时

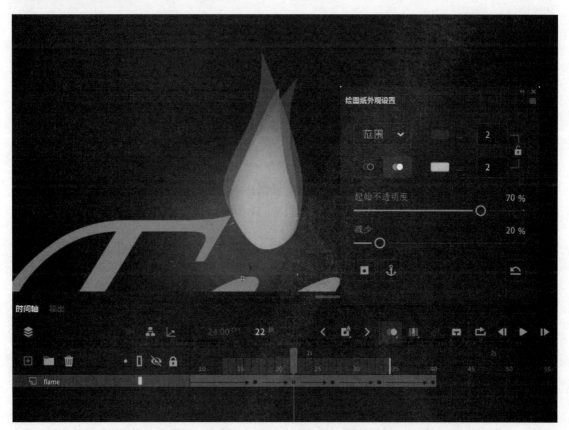

　　在 Animate 中，使用补间形状可以轻松地在一个形状中创建有机变化。借助遮罩，我们可以有选择地显示图层的某个部分。把两者结合起来，我们可以在动画中添加复杂的效果。

8.1　课前准备

我们先观看一下最终作品——动态 Logo，本课我们会使用补间形状和遮罩制作它。

❶ 打开网页浏览器，依次选择【文件】>【打开文件】，找到 Lesson08/08End/08End.gif，将其打开，播放 GIF 动画，如图 8-1 所示。GIF 动画中包含多张图片，这些图片轮番播放，在网络中非常流行。

这个项目是制作一个动态 Logo，它会被作为一家虚拟公司的头像上传到各个社交平台上。动画中，公司名称中有一个正在燃烧的火焰，火焰的形状不断变化，火焰中的径向渐变填充也在不断变化，同时有一个线性渐变从左到右依次扫过组成公司名称的各个字母。本课中，我们会为火焰及扫过字母的颜色制作动画。

❷ 关闭浏览器。在 Lesson08/08Start 文件夹中，双击 08Start.fla 文件，在 Animate 中打开初始项目文件。

❸ 从菜单栏中依次选择【文件】>【另存为】，输入文件名 08_workingcopy.fla，将其保存在 08Start 文件夹中。在学习过程中，我们会使用这个副本，这样当你想推倒重来时，仍然有原封不动的初始项目文件可用。

图 8-1

8.2　补间形状技术

在前面课程中，我们学习了如何为元件的实例制作动画，包括为元件实例的位置、缩放、旋转、色彩效果、滤镜制作动画；还学习了如何使用【资源变形工具】和【骨骼工具】添加骨架，以便为复杂形状制作变形动画。

使用复杂形状为图形轮廓或颜色制作动画的方法是使用补间形状技术。

补间形状技术用来在不同关键帧之间插补描边和填充变化。使用这项技术，我们可以轻松地让一个形状自然地变成另外一个形状。不管制作哪种动画，只需要改变形状的描边或填充（如烟雾、水流、头发动画），就可以使用补间形状技术。

补间形状技术只能应用在形状上，所以在使用补间形状技术制作动画时，不能使用组、元件的实例或位图。

8.3　了解项目文件

08Start.fla 文件是一个 ActionScript 3.0 文档，其中大部分图形都已经制作好了，并且放置在不同的图层上。但是，这些图形是静态的，我们需要给它们添加动画。

文本图层（text 图层）位于顶层，其中包含公司名称 Fire Starter；火焰图层（flame 图层）中包含火焰；光晕图层（glow 图层）位于底层，其中包含一个径向渐变，用于为火焰添加柔和的光晕效果，如图 8-2 所示。

【库】面板中无任何资源。

图 8-2

8.4 创建补间形状

制作闪烁的火焰效果时，需要为火焰形状（泪珠状）制作波浪状起伏变化的动画。这里，我们会使用补间形状技术使一个形状自然地变成另外一个形状，并实现颜色的渐变。在向一个图层应用补间形状技术时，要求这个图层至少包含两个关键帧。对于初始关键帧中的形状，既可以在 Animate 中绘制，也可以导入在 Illustrator 中制作好的形状。结束关键帧中也包含一个形状。补间形状技术会在初始关键帧和结束关键帧之间添加补间，以实现形状的平滑变化。

8.4.1 创建包含不同形状的关键帧

下面，为公司名称中的火焰制作动画。

❶ 选择 3 个图层的第 40 帧，从菜单栏中依次选择【插入】>【时间轴】>【帧】（按 F5 键）。此时，Animate 会向 3 个图层添加 40 个帧，确定动画的总长度，如图 8-3 所示。

图 8-3

❷ 锁定 text 图层和 glow 图层，以防止意外选中或移动这两个图层中的图形。

❸ 选中 flame 图层的第 40 帧，单击【时间轴】面板顶部的【插入关键帧】图标；或者使用鼠标右键单击第 40 帧，从弹出的快捷菜单中选择【插入关键帧】；或者从菜单栏中依次选择【插入】>【时间轴】>【关键帧】（按 F6 键）。此时，Animate 会把前一个关键帧（第 1 帧）的内容复制到新添加的关键帧中，如图 8-4 所示。

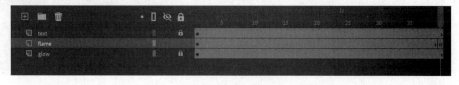

图 8-4

当前，flame 图层的时间轴上有两个关键帧，一个位于第 1 帧处，另一个位于第 40 帧处。接下来，修改结束关键帧中火焰的形状。

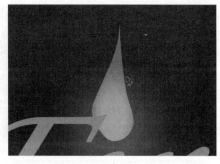

④ 选择【选择工具】。

⑤ 在火焰之外单击，取消选择火焰。移动鼠标指针，使其靠近火焰外轮廓，当鼠标指针右下角出现弧线时，按住鼠标左键，向内拖动，使火焰变"瘦"一些，如图 8-5 所示。

此时，初始关键帧和结束关键帧中包含了不同的火焰形状，初始关键帧中的火焰略"胖"，结束关键帧中的火焰略"瘦"。

图 8-5

8.4.2 应用补间形状

接下来，在两个关键帧之间应用补间形状，实现形状的平滑过渡。

① 在 flame 图层中，单击初始关键帧与结束关键帧之间的任意一帧。

② 在【时间轴】面板顶部，选择【创建补间形状】，如图 8-6 所示；或者使用鼠标右键单击任意一帧，然后从弹出的快捷菜单中选择【创建补间形状】；或者从菜单栏中依次选择【插入】>【创建补间形状】。

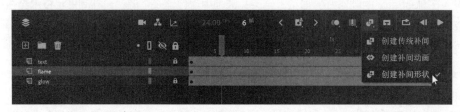

图 8-6

此时，Animate 会在两个关键帧之间应用补间形状，时间轴中会显示出一条带箭头的黑色线条，而且补间区域用橙色填充，如图 8-7 所示。

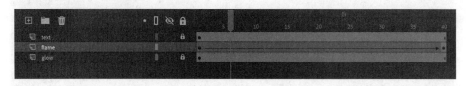

图 8-7

③ 从菜单栏中依次选择【控制】>【播放】，或按 Return 键（macOS）或 Enter（Windows）键，或者单击【时间轴】面板右上方的【播放】按钮，观看火焰变形动画，如图 8-8 所示。

到这里，我们就在 flame 图层的关键帧之间创建好了一个平滑动画，使火焰从第一个形状自然地变成第二个形状。

> ♡ 注意　如果火焰的形变跟你想的不完全一样，也没关系。火焰从第一个形状变成第二个形状时可能会发生旋转，后面我们会使用形状提示来进一步改善补间形状。应注意，关键帧之间的变化不宜过大。

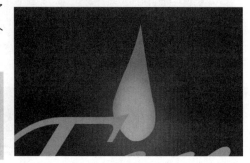

图 8-8

混合类型

在【属性】面板中，选择不同的混合类型（分布式、角形），如图 8-9 所示，补间形状会随之发生变化。混合类型控制着两个关键帧之间实现形状变化的插值方式。

默认混合类型是【分布式】，它适用于大多数情况。使用它创建动画时，插补的形状会更平滑。

如果形状中有很多点和直线，则建议选择【角形】。选择该混合类型后，Animate 会尝试在插补形状中保留明显的角和线条。

图 8-9

8.5 改变动画的时间安排和播放速度

在 Animate 中，可以沿着时间轴轻松移动补间形状的关键帧，以改变动画的时间安排和播放速度。

移动关键帧

火焰从一种形状变成另外一种形状用了 40 帧。如果希望这个变化过程更快一些，则可以把两个关键帧移得近一些。

❶ 在 flame 图层中，选择补间形状的最后一个关键帧，如图 8-10 所示。

❷ 把鼠标指针放到最后一个关键帧上，当鼠标指针右下角出现虚线框时，按住鼠标左键，把最后一个关键帧拖动到第 6 帧处，如图 8-11 所示。

此时，补间形状变短了，仅有 6 帧。

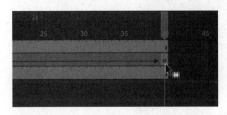

图 8-10

图 8-11

❸ 按 Return 键（macOS）或 Enter 键（Windows），播放动画。

火焰会快速闪一下，然后保持静止，一直到第 40 帧。

8.6 添加更多补间形状

通过创建更多关键帧，可以添加更多补间形状。每个补间形状只需要两个关键帧来定义初始状态和结束状态。

8.6.1　插入更多关键帧

我们希望火焰一直闪烁，不断变化形状，就像真实的火焰一样。为此，我们需要在时间轴中插入更多关键帧，并在所有关键帧之间应用补间形状。

❶ 确保【时间轴】面板顶部的【自动插入关键帧】功能处于开启状态。在 flame 图层中，选择第 17 帧，如图 8-12 所示。

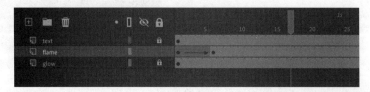

图 8-12

❷ 在火焰形状之外单击，取消选择火焰。拖动火焰轮廓，做出另外一个形状。可以让火焰底部变"胖"一些，或者改变火焰顶部的弯曲程度，使其向左或向右倾斜，如图 8-13 所示。

此时，Animate 会自动在第 17 帧创建一个关键帧，记录改变后的火焰形状，如图 8-14 所示。

❸ 在 flame 图层中，选择第 22 帧，更改火焰的形状。

Animate 会自动在第 22 帧处新建一个关键帧，记录更改后的火焰形状，如图 8-15 所示。

图 8-13

图 8-14

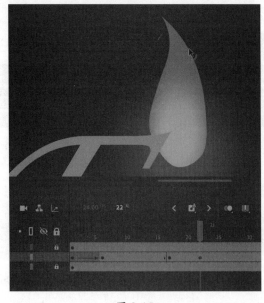

图 8-15

❹ 使用相同的方法，分别在第 27、33、40 帧处调整火焰的形状。

此时，flame 图层的时间轴上共有 7 个关键帧，其中第 1 个与第 2 个关键帧之间存在补间形状，如图 8-16 所示。

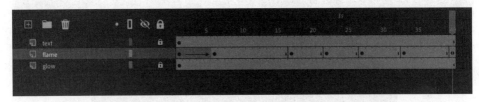

图 8-16

在 flame 图层的 7 个关键帧中，每个关键帧中的火焰形状都不一样，如图 8-17 所示。

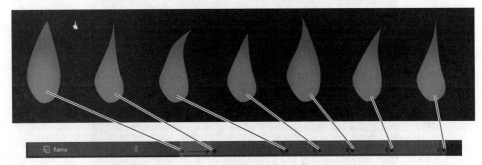

图 8-17

8.6.2　创建更多补间形状

接下来，在各个关键帧之间创建补间形状，使火焰依次从一个形状变化到下一个形状。

❶ 在第 2 个与第 3 个关键帧之间选择任意一帧，在【时间轴】面板顶部，选择【创建补间形状】，如图 8-18 所示，或者从菜单栏中依次选择【插入】>【创建补间形状】。

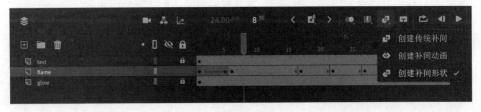

图 8-18

此时，两个关键帧之间会出现橙色背景，同时出现一条带箭头的黑线，表示两个关键帧之间已经有了补间形状，如图 8-19 所示。

图 8-19

❷ 使用相同的方法，在其他关键帧之间插入补间形状。

此时，flame 图层中有 6 段补间形状，如图 8-20 所示。

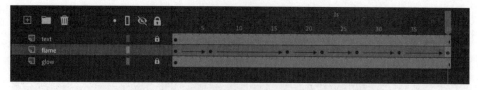

图 8-20

❸ 按 Return 键（macOS）或 Enter 键（Windows），观看动画，如图 8-21 所示。

图 8-21

💡 注意　选择一个包含多个关键帧的帧区间，使用鼠标右键单击该帧区间，然后从弹出的快捷菜单中选择【创建补间形状】，可在这些关键帧之间快速应用补间形状。

在动画播放期间，火焰不断闪烁。由于对火焰形状的修改程度不同，因此看到的火焰变化可能很奇怪，例如毫无征兆地翻转或旋转。不用担心，后面我们会使用形状提示改善这个问题。

补间残缺

应用补间形状之前，要求有一个初始关键帧和一个结束关键帧，而且每个关键帧中都要有一个形状。若缺失结束关键帧，Animate 就会显示一条黑色虚线（非黑色实线），表示补间残缺。

在图 8-22 中，在第 40 帧处插入一个关键帧，即可解决补间残缺的问题。

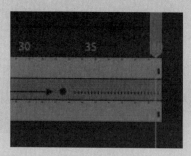

图 8-22

8.7 制作循环动画

只要 Logo 显示在屏幕上，火焰就应该不断闪烁。为了创建无缝衔接且循环播放的动画，我们应该让第一个关键帧中的形状和最后一个关键帧中的形状相同，并把动画插入一个图形元件或影片剪辑元件中。影片剪辑元件的时间轴独立于主时间轴，因此其中的动画能够反复播放。而对于图形元件中的动画，只要主时间轴上有足够多的帧，图形元件中的动画就会一直播放。

8.7.1 复制关键帧

复制关键帧，使第一个关键帧和最后一个关键帧一样。

❶ 在 flame 图层中，使用鼠标右键单击第一个关键帧，从弹出的快捷菜单中选择【复制帧】，如图 8-23 所示，或者从菜单栏中依次选择【编辑】>【时间轴】>【复制帧】。

图 8-23

此时，第一个关键帧中的内容就被放入剪贴板中。

❷ 在 flame 图层中，使用鼠标右键单击最后一个关键帧，从弹出的快捷菜单中选择【粘贴帧】，如图 8-24 所示，或者从菜单栏中依次选择【编辑】>【时间轴】>【粘贴帧】。

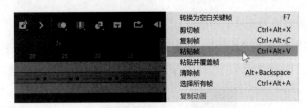

图 8-24

此时，第一个关键帧和最后一个关键帧中包含着相同的火焰形状。

> 💡提示 选择一个关键帧，然后按住 Option 键（macOS）或 Alt 键（Windows），将关键帧拖动到一个新位置，可快速复制关键帧。

8.7.2 预览循环动画

单击【时间轴】面板顶部的【循环】按钮，可循环播放动画。

❶ 在【时间轴】面板顶部单击【循环】按钮，如图 8-25 所示，或者从菜单栏中依次选择【控制】>【循环播放】［按 Option+Shift+L（macOS）/Alt+Shift+L（Windows）组合键］，这样 Animate 就会循环播放动画。

图 8-25

单击【循环】按钮后，时间轴上方就会显示播放起始标记和结束标记，Animate 会循环播放这两个标记之间的所有帧。接下来，调整播放起始标记和结束标记，把整个动画全部包含进去。

❷ 拖动播放起始标记和结束标记，把时间轴上的所有帧（第 1 帧到第 40 帧）全部包含进去。按

住 Command 键（macOS）或 Ctrl 键（Windows），拖动任意一个标记，另一个标记会往相反的方向移动相同的距离，如图 8-26 所示。

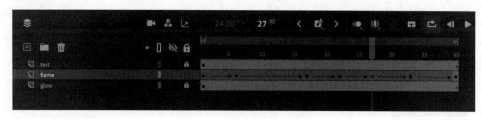

图 8-26

❸ 按 Return 键（macOS）或 Enter 键（Windows），测试影片。

Animate 会循环播放火焰动画。单击【暂停】按钮，或再次按 Return 键（macOS）或 Enter 键（Windows），可停止播放动画。

❹ 在【时间轴】面板顶部再次单击【循环】按钮，隐藏播放起始标记和结束标记，退出循环播放模式。

> 💡注意　【循环播放】功能仅在 Animate 编辑环境中起作用（即循环播放动画），它在发布的动画中不起作用。

8.7.3　把动画插入图形元件中

当把动画插入一个图形元件中后，只要主时间轴上有足够多的帧，动画就会一直循环播放。

❶ 选择 flame 图层，单击鼠标右键，从弹出的快捷菜单中选择【将图层转换为元件】，如图 8-27 所示。

此时，弹出【将图层转换为元件】对话框。

❷ 在【将图层转换为元件】对话框中，输入元件名称 flame，从【类型】下拉列表中选择【图形】，单击【确定】按钮，如图 8-28 所示。

图 8-27

图 8-28

此时，Animate 会新建一个图形元件，并将其保存到【库】面板中，如图 8-29 所示，同时把新元件的一个实例放在 flame 图层中。

❸ 按 Return 键（macOS）或 Enter 键（Windows），播放动画。

播放时间轴上的动画。图形元件的时间轴上有 40 帧，主时间轴上也有 40 帧，整个火焰闪烁动画的时长和主时间轴的时长一致，所以只播放一遍动画。

> 💡注意　考虑到后面要把动画导出为 GIF 动画，这里在创建循环动画时，把动画转换成了图形元件。如果把动画转换成影片剪辑元件，那在导出后的 GIF 动画中就不会包含影片剪辑元件的时间轴了。

图 8-29

带有可变宽度描边（笔触）的补间形状

　　一个形状的各个部分都可以应用补间形状，其中就包括具有可变宽度的描边。在第 2 课中，我们学习了如何使用【宽度工具】创建不同粗细的线条，以增强图形的表现力。此外，我们还可以在不同关键帧中改变描边的宽度，在这些关键帧之间应用补间形状时，Animate 会在这些描边宽度之间添加平滑的过渡。

　　在 Animate 中，我们可以轻松地为一个形状的描边宽度、描边轮廓及内部填充（纯色填充、渐变填充、透明度）制作动画。

8.8　使用形状提示

　　在 Animate 中，使用补间形状可以在关键帧之间制作出自然的形状过渡效果，但有时也会出现一些不可预料的结果，如奇怪的扭曲、翻转、旋转等。大部分时候我们不喜欢这些结果，我们希望能够准确地控制形变过程，使形变符合预期。借助形状提示，我们可以改善形状变化的方式。

　　形状提示用于强制 Animate 把初始形状中的点映射到结束形状中对应的点。通过设置多个形状提示，我们可以精确地控制补间形状的出现方式。

8.8.1　添加形状提示

　　下面向火焰形状添加形状提示，调整其从一个形状变成下一个形状的方式。

> ♀提示　形状提示应该设置在形状边缘。

❶ 在【库】面板中，双击 flame 图形元件，进入元件编辑模式。在 flame 图层中，把播放滑块移动到补间形状的第 1 帧处，如图 8-30 所示。

❷ 从菜单栏中依次选择【修改】>【形状】>【添加形状提示】［按 Command+Shift+H（macOS）/Ctrl+Shift+H（Windows）组合键］。

此时，舞台中出现一个红圈字母 a，代表第一个形状提示，如图 8-31 所示。

❸ 选择【选择工具】，在【属性】面板的【文档】选项卡下开启【贴紧至对象】功能。

开启【贴紧至对象】功能后，当移动或修改对象时，对象会彼此贴紧。

❹ 把红圈字母 a 拖动至火焰尖端，如图 8-32 所示。

❺ 从菜单栏中依次选择【修改】>【形状】>【添加形状提示】，再添加一个形状提示。

此时，舞台中出现一个红圈字母 b，如图 8-33 所示。

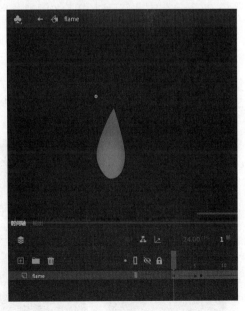

图 8-30

⑥ 把红圈字母 b 拖动至火焰底部，如图 8-34 所示。

图 8-31   图 8-32   图 8-33   图 8-34

此时，有两个形状提示映射到第 1 个关键帧中形状的不同点上。

⑦ 在 flame 图层中，选择下一个关键帧（第 6 帧）。

此时，红圈字母 a 与红圈字母 b 出现在舞台中，而且红圈字母 b 把红圈字母 a 盖在下面，如图 8-35 所示。

⑧ 在第二个关键帧中，分别把红圈字母 a 与红圈字母 b 拖动至形状的相应点上，即把红圈字母 a 拖动至火焰尖端，把红圈字母 b 拖动至火焰底部，如图 8-36 所示。

此时，形状提示变成绿色，表示已经正确地设置了它们，其位置与第 1 个关键帧中的位置一样。

⑨ 选择第一个关键帧。

此时，两个形状提示变成了黄色，表示它们放置正确了，如图 8-37 所示。当放置正确时，初始关键帧中的形状提示会变成黄色，结束关键帧中的形状提示会变成绿色。

⑩ 沿着时间轴拖动播放滑块，经过第一段补间形状，观察形状提示对补间形状的影响。

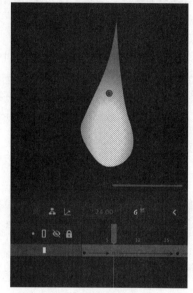

图 8-35

形状提示强制第一个关键帧中的火焰尖端、火焰底部映射到第二个关键帧中的火焰尖端、火焰底部，以约束火焰的形变，如图 8-38 所示。

  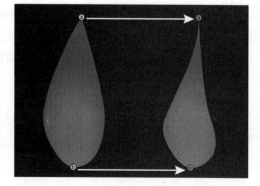

图 8-36   图 8-37   图 8-38

为了进一步了解形状提示的作用，可以再添加一些补间形状，并在结束关键帧中，把红圈字母 b

放在火焰尖端，把红圈字母 a 放在火焰底部。

此时，Animate 会强制把火焰尖端变形为火焰底部，而把火焰底部强制变形为火焰尖端，看起来就像是对火焰进行了翻转。尝试之后，请把红圈字母 a 放回到火焰尖端，把红圈字母 b 放回到火焰底部。

> ♀ **提示** 最多可以为一个补间形状添加 26 个形状提示。添加时，按顺时针或逆时针方向添加可保证获得最佳效果。

8.8.2　删除形状提示

若添加的形状提示过多，可以轻松地把多余的形状提示删除。删除一个关键帧中的形状提示后，其他关键帧中与其对应的形状提示也会被一起删除。

删除形状提示有如下两种方法。

- 选择某个形状提示，将其拖到舞台与粘贴板之外。
- 从菜单栏中依次选择【修改】>【形状】>【删除所有提示】，可删除所有形状提示。

8.9　使用【绘图纸外观】预览动画

有时我们希望在舞台中查看形状是如何从一个关键帧逐渐变化到另一个关键帧的，了解这个过程有助于我们更好地调整动画。在 Animate 中，可以使用【时间轴】面板顶部的【绘图纸外观】功能实现此目的。

开启【绘图纸外观】功能后，我们可以看到当前所选帧前后帧中的内容。

术语"绘图纸"（又译作"洋葱皮"）来自传统手绘动画。在传统手绘动画的制作过程中，动画师在薄薄的半透明绘图纸上绘画，这种绘图纸又叫"葱皮纸"。图纸后面有一个灯箱，借助灯箱发出的光线，动画师们可以同时看到多张绘图纸中的内容。当创建动作序列时，动画师会快速地来回翻动手指捏着的图纸，这可以让他们看到各个图画之间是如何自然地衔接在一起的。

8.9.1　开启【绘图纸外观】功能

【绘图纸外观】按钮位于【时间轴】面板顶部，这是一个开关按钮，单击打开，再单击关闭。按住【绘图纸外观】按钮，可显示出更多选项。

❶ 在【时间轴】面板顶部单击【绘图纸外观】按钮，如图 8-39 所示。

图 8-39

此时，Animate 同时显示了火焰的几种形状，包括当前帧中的形状、当前帧前面帧中的形状、当前帧后面帧中的形状。在舞台中同时看到多个帧中的形状，有助于我们比较各帧之间形状变化的情况。当前帧中的形状是红色的，当前帧前面帧中的形状是蓝色的，当前帧后面帧中的形状是绿色的，如图 8-40 所示。离当前帧越远，火焰轮廓越淡。

❷ 在时间轴上会出现两个标记，两个标记之间表示当前选择的帧。蓝色标记位于播放滑块左侧，表示舞台中在当前帧之前显示多少帧；绿色标记位于播放滑块右侧，表示舞台中在当前帧之后显示多少帧，如图 8-41 所示。

图 8-40

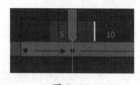

图 8-41

③ 拖动播放滑块到另外一个帧。

不管把播放滑块拖动到哪里，蓝色标记和绿色标记总是位于播放滑块两侧。如果不单独拖动蓝色标记或绿色标记，则两个标记与播放滑块之间的距离是一样的，即当前帧前后的帧数是一样的。

> 💡提示　沿着时间轴来回拖动播放滑块，会看到有多个形状同时显示出来（洋葱皮效果），但是正常播放动画时，不会有这样的洋葱皮效果。

8.9.2　调整标记

可以调整蓝色标记或绿色标记，改变舞台中同时显示的帧数。

· 拖动蓝色标记，可改变在当前帧之前要显示多少帧。

· 拖动绿色标记，可改变在当前帧之后要显示多少帧。

· 按住 Command 键（macOS）或 Ctrl 键（Windows），拖动任意一个标记，可同时改变当前帧前后显示的帧数（前后帧数相同）。

· 按住 Shift 键，拖动任意一个标记，可调整两个标记之间的帧区间在时间轴上的位置，但不管怎么调整，播放滑块仍位于两个标记之间。

· 按住【时间轴】面板顶部的【绘图纸外观】按钮，从弹出的菜单中选择【锚点标记】，如图 8-42 所示。选择【锚点标记】后，当沿着时间轴拖动播放滑块时，两个标记不会随着移动，它们仍然保持在原位。

· 按住【时间轴】面板顶部的【绘图纸外观】按钮，从弹出的菜单中选择【所有帧】，如图 8-43 所示。选择【所有帧】后，蓝色标记移动到第一帧处，绿色标记移动到最后一帧处，即把所有动画帧包含在内。

图 8-42

图 8-43

8.9.3 设置绘图纸外观

如果你不喜欢用于指示前面帧与后面帧的颜色，或者希望更改一下绘图纸的不透明度，可以在【绘图纸外观设置】面板中做修改。

- 在【时间轴】面板顶部，按住【绘图纸外观】按钮，从弹出的菜单中选择【高级设置】，如图 8-44 所示。

此时，弹出【绘图纸外观设置】面板，如图 8-45 所示。

图 8-44

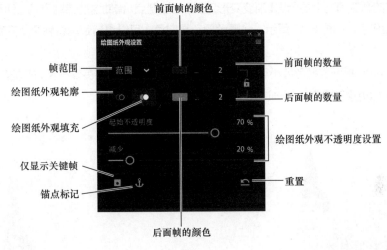

图 8-45

通过调整如下设置，可以精确地调整绘图纸外观的显示方式。

- 设置前面帧或后面帧的数量。
- 单击颜色框，修改前面帧或后面帧的颜色。
- 选择以绘图纸外观轮廓或绘图纸外观填充显示各个帧，如图 8-46 所示。
- 拖动不透明度滑块，改变起始不透明度，以及绘图纸外观不透明度的减少程度。
- 选择仅显示关键帧。
- 锚定帧标记。

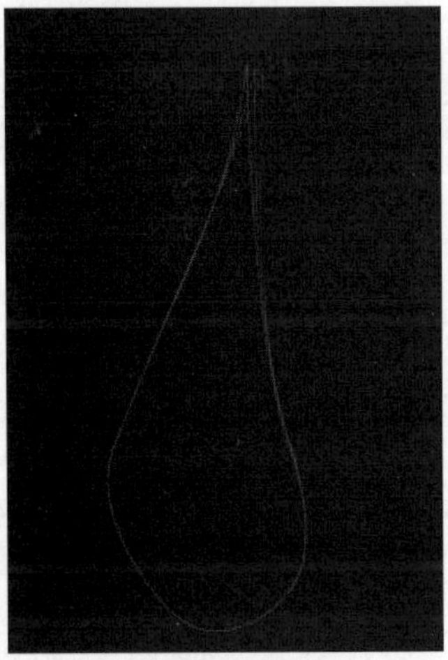

> 💡**注意** Animate 能够记录【绘图纸外观设置】面板中最近设置的参数。在【时间轴】面板顶部，单击【绘图纸外观】按钮，可打开或关闭带有这些设置参数的绘图纸外观。

图 8-46

8.10 制作颜色动画

在 Animate 中，可以轻松地把补间形状应用到一个形状的方方面面，包括形状的描边和填充。前面调整了火焰的描边，即火焰的轮廓。接下来，调整火焰的填充，使其渐变颜色发生变化，让火焰在某个时间点变得更亮、更强烈。

调整渐变填充

下面使用【渐变变形工具】改变渐变颜色应用到形状的方式，使用【颜色】面板改变渐变中使用的颜色。

① 在【库】面板中，双击 flame 图形元件，进入元件编辑模式。

② 在 flame 图层中，选择第二个关键帧（第 6 帧）。

③ 在【工具】面板中选择【渐变变形工具】（该工具与【任意变形工具】在同一个组中）。

此时，火焰的渐变填充上显示出【渐变变形工具】的控制点。借助这些控制点，我们可以拉伸、旋转、移动渐变填充的焦点，如图 8-47 所示。（舞台颜色是白色，可以更清楚地看到【渐变变形工具】的控制点。）

④ 使用控制点，把渐变颜色缩小至火焰底部。减小渐变尺寸，使渐变宽一些，把渐变放在火焰底部，移动渐变焦点（白色小三角形）到一边，如图 8-48 所示。

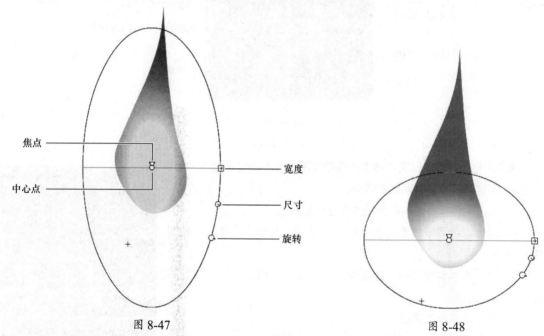

图 8-47   图 8-48

由于颜色集中在一个小区域中，所以火焰的橙色焰心显得更低、更强烈。

⑤ 沿着时间轴，在第一个关键帧与第二个关键帧之间拖动播放滑块。

此时，补间形状会自动为火焰内部的颜色和火焰轮廓生成动画。

⑥ 在 flame 图层中，选择第三个关键帧（第 17 帧）。在这一帧中调整渐变颜色。

⑦ 选择【选择工具】，在舞台中单击火焰内部。

⑧ 从菜单栏中依次选择【窗口】>【颜色】，打开【颜色】面板。

【颜色】面板中会显示出火焰内部的渐变颜色，如图 8-49 所示。

⑨ 在渐变条上，单击第一个色标（当前是黄色）。

⑩ 把颜色更改为粉红色（#FF33CC），如图 8-50 所示。

此时，渐变的中心颜色变成粉红色。

图 8-49

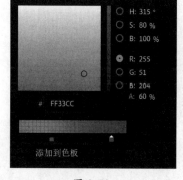

图 8-50

⑪ 沿着时间轴,在第二个关键帧和第三个关键帧之间拖动播放滑块,效果如图 8-51 所示。

补间形状会自动为渐变的中心颜色制作由黄色变成粉色的动画。调整其他关键帧的渐变填充,做出满意的渐变效果。

> ♀ 注意 在 Animate 中,使用补间形状可为纯色或渐变色制作自然的过渡动画,但是不能在不同类型的渐变之间制作动画,例如无法使用补间形状把一个线性渐变转变成径向渐变。

图 8-51

8.11　创建与使用遮罩

遮罩用来有选择性地隐藏或显示图层中的内容。借助它,可以轻松地控制要把哪些内容展现给观众。例如,创建一个圆形遮罩,让观众只能看到圆形区域中的内容,这样就得到了锁眼效果或聚光灯效果。在 Animate 中,把遮罩放在一个图层上,把被遮罩的内容放在其下的一个图层上。

接下来,在制作动态 Logo 的过程中,把文字本身作为遮罩,为文字增加一些视觉趣味性。

8.11.1　定义遮罩图层

下面基于 Fire starter 文本创建一个遮罩,显示其下的火焰图像。

❶ 返回到主时间轴。关闭【绘图纸外观】功能,确保播放滑块在时间轴的起始位置。解锁 text 图层。双击 text 图层左侧的图标,或者选择 text 图层,从菜单栏中依次选择【修改】>【时间轴】>【图层属性】,打开【图层属性】对话框,如图 8-52 所示。

❷ 在【类型】中选择【遮罩层】，如图 8-53 所示，单击【确定】按钮。

此时，text 图层变成了一个遮罩图层，图层名称左侧的图标变成了遮罩图标，如图 8-54 所示。text 图层中的所有内容成为其下方被遮罩图层的遮罩。

图 8-52 图 8-53 图 8-54

这里，我们是把现有文本用作遮罩，其实任意带填充的形状都可以当作遮罩使用，填充颜色是什么不重要，重要的是形状的大小、位置和轮廓。形状相当于一个窥视孔，透过这个窥视孔，可以看到下方图层中的内容。在 Animate 中，可以使用任意绘制工具和【文本工具】为遮罩创建填充。

💡 提示　遮罩无法识别描边，遮罩图层中只能用填充。使用【文本工具】创建的文本也可以作为遮罩使用。

💡 注意　Animate 对遮罩中不同的 Alpha 值不做区分，所以遮罩图层中半透明度填充和不透明度填充的效果是一样的，遮罩图层的边缘总是不透明的。但是，在 ActionScript 3.0 文档中，可以使用 ActionScript 代码动态创建透明遮罩。

8.11.2　创建被遮罩图层

被遮罩图层位于遮罩图层之下。

❶ 在【时间轴】面板中，单击【新建图层】图标（加号），或者从菜单栏中依次选择【插入】>【时间轴】>【图层】，新建一个图层。

❷ 把新创建的图层重命名为 fiery_effect，如图 8-55 所示。

❸ 把 fiery_effect 图层拖动到遮罩图层（text 图层）之下，使其靠右一些，Aniamte 会将其缩进，如图 8-56 所示。

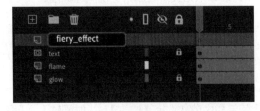 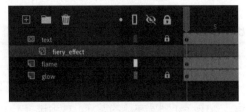

图 8-55 图 8-56

此时，fiery_effect 图层变成了被遮罩图层，与其上的遮罩图层是一对。被遮罩图层中的所有内容都会被其上的遮罩图层遮住。

④ 从菜单栏中依次选择【文件】>【导入】>【导入到舞台】，在【导入】对话框中，选择 08Start 文件夹中的 fire.jpg，然后单击【打开】按钮。

此时，火焰图像出现在舞台中，而文字叠加在火焰图像之上，如图 8-57 所示。

图 8-57

> 💡提示　在遮罩图层之下，双击普通图层左侧的图标，或者从菜单栏中依次选择【修改】>【时间轴】>【图层属性】，打开【图层属性】对话框，在【类型】中选择【被遮罩】，即可把普通图层转换成被遮罩图层。

8.11.3　查看遮罩效果

若想查看遮罩效果，必须先锁定遮罩图层和被遮罩图层。

❶ 单击 text 图层和 fiery_effect 图层的锁头图标，把两个图层锁定，如图 8-58 所示。

> 💡注意　一个遮罩图层下可以有多个被遮罩图层。

把遮罩图层和被遮罩图层锁定之后，透过遮罩图层中的字母，可以看到被遮罩图层中的火焰，如图 8-59 所示。

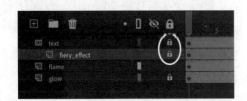

图 8-58

图 8-59

❷ 从菜单栏中依次选择【控制】>【测试】。

播放动画时，火焰在不断跳动，同时透过文字，可以看到下方图层中的火焰。

传统遮罩

遮罩图层中的形状用来显示而不是隐藏被遮罩图层中的内容，这或许与它的名字传达的意思相反。但是，这其实就是传统遮罩在摄影或绘画中起到的作用。绘画者在绘制作品时使用遮罩，遮罩能够保护下方的作品，防止其被"污染"。摄影师在暗房中处理照片时使用遮罩，遮罩可以保护感光相纸免受光照，以防止这些区域变得太暗。因此，把遮罩看成某种保护其下被遮罩图层的东西，有助于我们记住哪些区域是隐藏的、哪些区域是显示的。

8.12 为遮罩图层和被遮罩图层制作动画

把文字图层转换成遮罩图层，并添加被遮罩图层之后，文字效果看上去已经非常棒了。但是，客户提出了更高的要求，客户觉得在文字上添加一种动态效果，视觉冲击力会更强。

在 Animate 中，可以很轻松地在遮罩图层或被遮罩图层中添加动画。如果希望遮罩动起来，或者显示被遮罩图层的不同部分，则可以为遮罩图层制作动画。如果希望被遮罩的内容动起来，就像景色掠过车窗一样，则可以为被遮罩图层制作动画。

向被遮罩图层添加补间形状

为了进一步增加 Logo 的吸引力，我们将向被遮罩图层添加补间形状，使光线从左到右划过文字。

❶ 解锁 text 图层和 fiery_effect 图层。

此时，遮罩效果消失，两个图层中的内容处于可编辑状态。

❷ 删除 fiery_effect 图层中的火焰图像。

❸ 选择【矩形工具】，打开【颜色】面板（【窗口】>【颜色】）。

❹ 在【颜色】面板中，选择【填充颜色】，从【颜色类型】下拉列表中选择【线性渐变】。

❺ 创建一个渐变，最左边是红色（#FF0000），中间是黄色（#FFFC00），最右边是红色（#FF0000）。把Alpha 值设置为 100%，确保颜色不透明，如图 8-60 所示。

❻ 在 fiery_effect 图层中，把播放滑块移动到第 1 帧处，创建一个矩形，其尺寸要大于 text 图层中文字的尺寸，如图 8-61 所示。

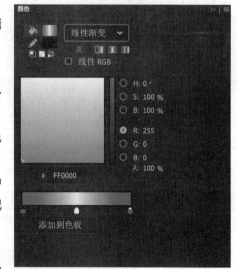

图 8-60

❼ 选择【渐变变形工具】，单击矩形内部，将其选中。

此时，矩形上出现【渐变变形工具】的控制点，如图 8-62 所示。接下来，使用这些控制点把渐变移动到舞台之外，以便制作进入动画。

❽ 向左拖动渐变的中心点，使黄色光线出现在舞台的最左边，如图 8-63 所示。

黄色光线会从左侧进入舞台，然后运动到舞台右侧。

图 8-61

图 8-62

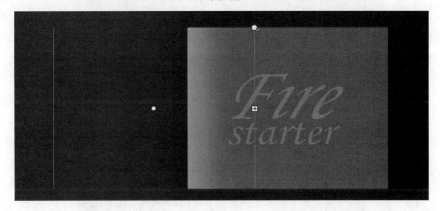

图 8-63

❾ 在 fiery_effect 图层中选择第 20 帧，在【时间轴】面板顶部单击【插入关键帧】图标（按 F6 键），如图 8-64 所示。

此时，Animate 会把上一个关键帧的内容复制到新关键帧中。虽然开启了【自动插入关键帧】功能，但是由于从第 1 帧开始没什么变化，所以我们必须手动插入这个关键帧。

❿ 在 fiery_effect 图层中，选择最后一帧（第 40 帧）。

⓫ 向右拖动渐变的中心点，使黄色光线刚好位于舞台右侧，如图 8-65 所示。

由于当前【自动插入关键帧】功能处于开启状态，所以 Animate 会自动在第 40 帧处插入一个关键帧，其中包含新的渐变填充。此时，在 fiery_effect 图层中有 3 个关键帧，如图 8-66 所示。

图 8-64

图 8-65

图 8-66

⑫ 在 fiery_effect 图层中，在第二个关键帧和第三个关键帧之间任选一帧，在【时间轴】面板顶部选择【创建补间形状】，或者从菜单栏中依次选择【插入】>【创建补间形状】。

此时，渐变颜色就应用上了补间形状，矩形中的黄色光线会从左侧移动到右侧，如图 8-67 所示。

图 8-67

⓭ 锁定 text 图层和 fiery_effect 图层，然后按 Return 键（macOS）或 Enter 键（Windows），或者从菜单栏中依次选择【控制】>【测试】，观看动画，如图 8-68 所示。

图 8-68

播放动画时，火焰在跳动，同时柔和的黄色光线从左至右划过文字。

8.13 向补间形状添加缓动

借助缓动功能，我们可以在物体运动时添加加速或减速效果，使物体有一定的重量感。

在【属性】面板中，我们可以轻松地为补间形状添加缓动。缓动值的取值范围是 –100（缓入）到 100（缓出）。缓入效果会使运动缓慢地开始，缓出效果则会使运动缓慢地结束。

> 💡 注意　集成在时间轴中的运动编辑器提供了不同的缓动类型，但无法应用于补间形状。

添加缓入效果

接下来，向划过文字的渐变应用缓入效果，使其缓慢启动，然后快速划过文字。缓入效果有助于吸引观众的注意。

❶ 在 fiery_effect 图层的补间形状中，单击任意一帧。

❷ 在【属性】面板中，单击【效果】按钮，依次选择【Ease In】（缓入）>【Cubic】（三次方），双击【Cubic】（三次方），应用它，如图 8-69 所示。

此时，Animate 会向补间形状应用缓入效果。可以尝试应用其他不同类型和强度的缓动效果。

❸ 锁定遮罩图层和被遮罩图层，从菜单栏中依次选择【控制】>【测试】，观看动画。

播放动画时，柔和的黄色光线从左侧缓慢启动，然后快速向右划过文字，使整个动画效果更出色。

> 💡 注意　与传统补间一样，你可以向补间形状应用更多高级缓动效果或自定义缓动效果。单击【编辑缓动】按钮，可打开【自定义缓动】对话框，在其中可以自由地调整缓动曲线。

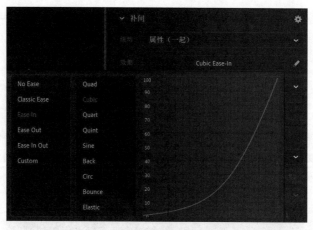

图 8-69

8.14 把动画导出为 GIF 动画

到这里，整个动画就制作好了。接下来，还要把动画导出为 GIF 动画，以便客户把它作为头像使用。

导出 GIF 动画时，有简单的方法，也有复杂的方法。选用哪种方法，取决于你是否想详细设置 GIF 动画。

简单的方法如下。

❶ 单击软件界面右上角的【快速共享和发布】按钮，从弹出的菜单中依次选择【发布】>【GIF 动画（.gif）】，如图 8-70 所示。

❷ 单击【发布】按钮。

图 8-70

Animate 会把动画导出为 GIF 动画，并将其保存到项目文件所在的目录下。

复杂的方法如下。

❶ 从菜单栏中依次选择【文件】>【导出】>【导出动画 GIF】。

此时，Animate 会打开【导出图像】对话框，里面有图像预览和各种优化选项。在【预设】区域中，取消勾选【透明度】，如图 8-71 所示。

❷ 在【预设】区域中，从【优化的文件格式】下拉列表中选择【GIF】，在【有损】中输入 0，从【颜色】下拉列表中选择【256】。这样会最大限度地保证图像质量。在【降低颜色深度算法】下拉列表中选择【可选择】，在【指定抖动算法】下拉列表中选择【扩散】，如图 8-72 所示。这两个选项决定了如何选择与混合 256 种颜色来创建图像。

❸ 在【图像大小】区域中，所有选项均保持默认设置不变。宽度和高度应该与舞台大小一样。

❹ 在【动画】区域中，可以为 GIF 动画选择循环类型。选择【总是】后，打开 GIF 动画，它会循环播放，如图 8-73 所示。单击【播放】按钮，可预览动画。此外，还可以单击【往前移动一帧】或【往后移动一帧】按钮来逐帧检查动画。

❺ 单击【保存】按钮，在【另存为】对话框中，输入文件名，转到 08End 文件夹下，单击【保存】按钮，即可把 GIF 动画保存到指定的文件夹下。

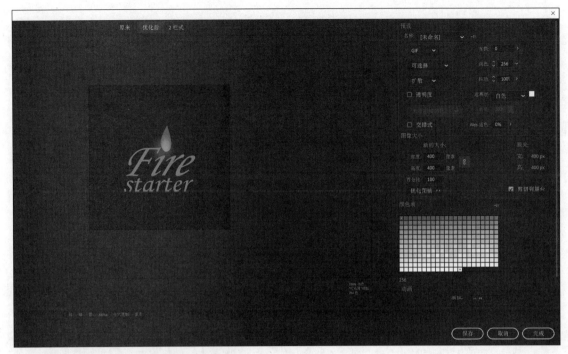

图 8-71

图 8-72

图 8-73

8.15 复习题

① 补间形状的作用是什么？如何应用补间形状？

② 形状提示的作用是什么？如何使用形状提示？

③ 绘图纸标记的颜色代表什么？

④ 补间形状与补间动画有何不同？

⑤ 遮罩有什么用？

⑥ 如何查看遮罩图层对被遮罩图层的遮罩效果？

8.16 答案

① 补间形状用来在两个关键帧（包含不同的形状）之间创建自然的形变。要应用补间形状，需要先在初始关键帧和结束关键帧中分别创建不同的形状，然后在两个关键帧之间任选一帧，在【时间轴】面板顶部选择【创建补间形状】。

② 形状提示用来指示初始形状中的点映射到结束形状中的哪个点。形状提示有助于改善形状变化的方式。要使用形状提示，需要先选择补间形状的初始关键帧，然后从菜单栏中依次选择【修改】>【形状】>【添加形状提示】。把第一个形状提示移动到形状的边缘处，把播放滑块移动到最后一个关键帧处，再把相应的形状提示移动到形状对应的边缘处。

③ 在默认设置下，Animate 以蓝色显示前面帧中的绘图纸，以绿色显示后面帧中的绘图纸。当前帧中的绘图纸是红色的。选择【高级设置】，可以在打开的【绘图纸外观设置】面板中重新指定颜色。

④ 补间形状应用的对象是形状，而补间动画应用的对象是元件的实例。借助补间形状，可以在两个关键帧之间为一个形状的描边或填充制作自然的变形动画。借助补间动画，可以在两个关键帧之间为一个元件实例的位置、缩放、旋转、色彩效果、滤镜效果制作动画。

⑤ 通过遮罩，我们可以有选择地显示或隐藏图层中的内容。在 Animate 中，遮罩图层位于上方，被遮罩图层（其中包含被遮罩的内容）位于下方。遮罩图层和被遮罩图层都支持制作动画。

⑥ 要查看遮罩图层对被遮罩图层的遮罩效果，需要先锁定遮罩图层和被遮罩图层，然后从菜单栏中依次选择【控制】>【测试】。

制作交互式横幅广告

学习本课至少需要 **2** 小时

　　在网络上，借助交互式横幅广告，我们能够激起观众的探索欲望，引导他们积极地参与到项目中。在 Animate 中，结合按钮元件和代码，能够轻松地制作出用户驱动的交互式横幅广告。

9.1　课前准备

本课我们学习如何在 Animate 中制作一个可交互的动态横幅广告。横幅广告是网站中一种很常见的广告，往往能给网站带来可观的经济效益。这类广告一般是动态的，而且很抓眼球，能够引导用户购买某些商品。接下来学习如何在动画中添加交互功能，进而制作出一个吸引人的横幅广告。

❶ 在 Lesson09/09End 文件夹中，双击 09End.fla 文件，将其在 Animate 中打开。然后，从菜单栏中依次选择【控制】>【测试】，观看最终成品。

此时，交互式横幅广告在默认浏览器中打开，如图 9-1 所示。【输出】面板中显示的警告信息可以不必理会。

图 9-1

> 💡 **注意** 当你尝试在本地浏览器中打开 HTML 文件时，其中包含的按钮与位图可能会造成一些安全问题，导致浏览器中一片空白或者只显示一张静态图片。为了避免出现这些问题，可以把所有文件上传到服务器中，然后在线测试。当然，也可以直接在 Animate 中进行测试。

在打开的浏览器中，你可以看到一个交互式横幅广告。这是一个鞋店的广告，里面有一些简单的文字介绍，还有两款鞋子的图片；单击图片，可以查看鞋子的相关信息。单击【Shop now】按钮，可直接跳转到商品网站，但这里只是跳转到 Adobe 网站。

在本课中，我们将在一个 HTML5 Canvas 文档中创建交互式按钮，组织时间轴。在这期间，我们会学习如何添加 JavaScript 代码来控制每个按钮的行为。

❷ 关闭 09End.fla 文件。

❸ 在 Lesson09/09Start 文件夹下，双击 09Start.fla 文件，将其在 Animate 中打开，如图 9-2 所示。这个文件是一个 HTML5 Canvas 文档，可以在浏览器中运行。文件中包含一个初始动画，其中用到的资源已经放在了【库】面板中。

图 9-2

💡注意 在 Animate 中，为横幅广告新建文档很简单。在【新建文档】对话框【广告】类别下的【预设】中包含多种广告的标准尺寸（HTML5 Canvas 类型），如告示牌、摩天大楼、智能手机广告等。

❹ 从菜单栏中依次选择【文件】>【另存为】，在【另存为】对话框中，输入文件名 09_workingcopy.fla，将其保存在 09Start 文件夹中。在学习过程中，我们会使用这个文件的副本，这样当你想推倒重来时，仍然有原封不动的初始项目文件可用。

💡注意 如果计算机中未安装 FLA 文件中用到的字体，则 Animate 会显示警告信息。此时，可以选择替换字体，或者单击【使用默认】按钮，让 Animate 自动进行替换。

9.2　关于交互式页面

交互式页面会根据用户的行为显示相应的内容。例如，当用户单击一个按钮时，屏幕上会显示一个详情页面。有些交互方式很简单，例如单击一个按钮；有些交互方式则很复杂，例如从多个源（如移动鼠标、按键盘上的键、倾斜移动设备）接收输入信息。

9.3 ActionScript 与 JavaScript

在 Animate 中，我们可以使用 ActionScript 3.0 或 JavaScript 添加交互功能，具体取决于使用的文档类型。

在 ActionScript 3.0、AIR for Desktop、AIR for iOS 或 Android 文档中，可以使用 ActionScript 实现交互功能。包含 ActionScript 交互的发布文件（ActionScript 3.0 文档）是一个独立的放映文件，它能够在用户计算机中播放。由 AIR for Desktop 文档生成的发布文件可以在支持 AIR 的计算机或其他平台上运行。而由 AIR for iOS 或 Android 文档生成的发布文件只能在移动设备中运行。

ActionScript 提供了一系列命令，可以让动画对用户的行为做出响应。你可以使用这些命令播放声音、跳转到某个指定关键帧或者进行计算。

在 HTML5 Canvas 文档（本课制作横幅广告时会使用这种文档）中，你可以使用同样的 JavaScript 代码使网页对用户的动作做出响应。WebGL gITF、VR 360 或 VR Panorama 文档使用的也是 JavaScript 代码。

ActionScript 3.0 与 JavaScript 很相似（两者都基于 ECMA 编程语言标准），但是在某些语法与用法上略有不同。

在本课中，我们将学习在 HTML5 Canvas 文档中使用 JavaScript 代码制作交互式横幅广告，在横幅广告中影片不需要从开始播放到末尾。我们会添加 JavaScript 代码根据用户单击的按钮来控制播放滑块跳到哪一帧。时间轴上不同的帧中包含不同的内容。在运行过程中，用户感觉不到播放滑块沿着时间轴跳来跳去，他们只知道单击不同的按钮会出现不同的内容。

不懂编程也没关系，Animate 在【动作】面板中提供了一个由菜单驱动的向导，使得我们可以快速、轻松地添加 JavaScript 代码。

9.4 创建按钮

按钮是用户与程序进行交互的最常见的控件。例如，可以用鼠标单击按钮，也可以在触摸设备上用手指轻点按钮。交互类型也有很多，例如，当把鼠标指针移动到某个按钮上时，会触发按钮的某个动作。

在 Animate 中，按钮是一种基本的元件，有 4 种特殊状态（关键帧），这些特殊状态控制着按钮的显示方式。按钮的形态也是多种多样的，除了传统的药丸形状之外，还可以是一张图片、一个图形或一些文本。

9.4.1 创建按钮元件

下面使用小尺寸的缩览图制作按钮。按钮是一种特殊的元件，它存放在【库】面板中。

❶ 在所有图层之上新建一个图层，将其重命名为 buttons，如图 9-3 所示。

❷ 锁定除 buttons 圈层外的所有图层，防止意外移动这些图层中的元素。

❸ 选择【矩形工具】，把【填充】设置为白色，把【笔触】设置为橙色。然后，在 buttons 图层中拖动绘制出一个尺寸为 90 像素（宽）×65 像素（高）的矩形，如图 9-4 所示。

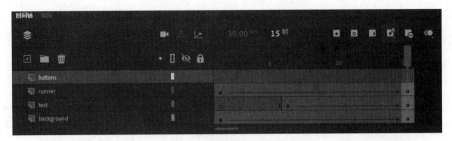

图 9-3

图 9-4

④ 从【库】面板把 vapormax ultra thumbnail 图片（鞋子图片）拖到刚刚绘制的矩形中心，如图 9-5 所示。

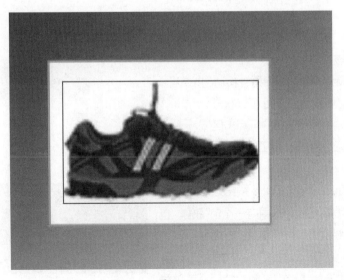

图 9-5

❺ 同时选中矩形和鞋子图片,从菜单栏中依次选择【修改】>【转换为元件】。

❻ 在【转换为元件】对话框中,从【类型】下拉列表中选择【按钮】,输入名称 ultra,然后单击【确定】按钮,如图 9-6 所示。

此时,Animate 会基于所选图形创建一个按钮元件,并将其放入【库】面板中,如图 9-7 所示。

图 9-6

图 9-7

9.4.2　编辑按钮元件

按钮元件有 4 种特殊状态,在按钮的时间轴上用 4 个帧表示,如下。

- 弹起（Up）:当鼠标指针没有碰到按钮时,按钮处于该状态。

- 指针经过（Over）:当把鼠标指针移动到按钮上时,按钮处于该状态。

- 按下（Down）:当把鼠标指针移动到按钮上,按下鼠标按键或触控板时,按钮处于该状态。

- 点击（Hit）:指示按钮的可点击区域。

通过下面的练习,我们一起了解一下这些状态与按钮外观的关系。

❶ 在【库】面板中,双击 ultra 按钮元件。

进入按钮元件编辑模式,其中有一个时间轴,包含【弹起】【指针经过】【按下】【点击】4 个帧,而且只有【弹起】帧中有一个关键帧,如图 9-8 所示。

❷ 在时间轴中选择【点击】帧,然后从菜单栏

图 9-8

中依次选择【插入】>【时间轴】>【帧】，加长时间轴。

此时，矩形和鞋子图片贯穿弹起、指针经过、按下、点击4个状态，如图9-9所示。

图 9-9

③ 在【指针经过】帧中插入一个关键帧，如图9-10所示。

图 9-10

新关键帧代表：当鼠标指针经过按钮时，图形会发生变化。

④ 双击矩形边框，将其选中，然后把颜色改成红色。

⑤ 单击矩形内部，选择填充，把颜色从白色改成黄色，如图9-11所示。

图 9-11

此时，【弹起】关键帧和【指针经过】关键帧就不一样了。在正常情况下，按钮呈现为白色填充带橙色边框，当鼠标指针经过按钮时，Animate 就会播放【指针经过】关键帧，按钮呈现为黄色填充带红色边框。

⑥ 在舞台上方的编辑栏中单击回退箭头，退出元件编辑模式，返回到主时间轴中。这样，第一个按钮元件就制作好了，但是目前它还不能响应鼠标动作。我们必须测试一下，了解按钮在弹起、指

针经过、按下、点击 4 种状态下是如何更改外观的。

【点击】关键帧和不可见按钮

按钮元件的【点击】关键帧指示的是一个热点区域，即用户可点击区域。一般而言，【点击】关键帧中的形状与【弹起】关键帧中的形状在尺寸与位置上是一样的。在大多数情况下，我们希望用户看到的图形就在可点击区域中。但是，在某些高级应用程序中，【点击】关键帧和【弹起】关键帧可能不一样。若【弹起】关键帧是空的，则按钮将会不可见。

用户看不到不可见按钮，但是由于【点击】关键帧定义了一个可点击区域，所以不可见按钮仍可保持活动状态。可以把不可见按钮放置在舞台的任意一个部分上，然后使用代码让其对用户的动作做出响应。

不可见按钮可用来创建普通热点。例如，可以把它们放在不同的图片上，使每张图片对用户的点击做出响应，而不用把每张图片做成不同的按钮元件。

9.4.3　复制按钮元件

前面已经创建好了第一个按钮元件，只需要复制第一个按钮元件，就可以轻松地创建第二个按钮元件。

❶ 在【库】面板中，使用鼠标右键单击按钮元件，从弹出的快捷菜单中选择【直接复制】，如图 9-12 所示。此外，还可以从【库】面板的菜单中选择【直接复制】。

❷ 在【直接复制元件】对话框中，从【类型】下拉列表中选择【按钮】，输入名称 racer，单击【确定】按钮，如图 9-13 所示。

图 9-12

图 9-13

9.4.4 替换图片

在舞台中，替换图片很容易，而且，这样做能极大地提高工作效率。

❶ 在【库】面板中，双击复制得到的按钮元件，进入按钮元件编辑模式。

❷ 在舞台中，选择鞋子图片。

❸ 在【属性】面板中，单击【交换】图标，如图 9-14 所示。

❹ 在【交换位图】对话框中，选择另一张鞋子图片（2022 racer thumbnail），单击【确定】按钮，如图 9-15 所示。

图 9-14

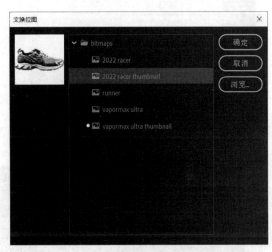

图 9-15

此时，Animate 会用选择的图片替换掉按钮元件中的原有图片（在【交换位图】对话框中，图片名称左侧有实心圆点）。由于两张图片尺寸一样，所以替换起来非常顺畅。若新图片不在按钮中心，请将其移动到按钮中心。

❺ 选择【指针经过】关键帧，用 2022 racer thumbnail 图片替换掉原来的鞋子图片（vapormax ultra thumbnail）。

❻ 在【库】面板中，新建一个名为 buttons 的文件夹，然后把两个按钮元件放入其中，如图 9-16 所示。

图 9-16

9.4.5 放置按钮元件的实例

接下来，将按钮元件的实例放入舞台中，并在【属性】面板中为它们指定名称，以便在代码中引用它们。

❶ 选择 buttons 图层，从【库】面板把 racer 按钮元件拖到舞台上，将其放在 ultra 按钮元件的实例之下，如图 9-17 所示。

❷ 同时选中两个按钮元件的实例，把它们移动到文本之下，位置坐标大约是 $x=7$、$y=140$，如图 9-18 所示。

❸ 在 buttons 图层中，选择第 1 帧上的关键帧，将其移动到最后一帧处（第 15 帧），如图 9-19 所示。

图 9-17   图 9-18

图 9-19

此时，按钮元件的实例只有在动画播放完成后才显现出来。

❹ 接下来，做一下测试，了解一下按钮的行为。从菜单栏中依次选择【文件】>【发布设置】，打开【发布设置】对话框。

❺ 在【JavaScript/HTML】的【基本】选项卡中，取消勾选【循环时间轴】，如图 9-20 所示。

图 9-20

在正常情况下，Animate 项目会循环播放动画，但对于横幅广告，我们希望动画播放一次就停下来。

💡注意 此外，还可以使用 JavaScript 代码让动画停下来，相关内容稍后会介绍。

❻ 从菜单栏中依次选择【控制】>【测试】。

【输出】面板中的警告信息可以忽略。

在打开的浏览器中，动画只播放一次，两个按钮最后才出现。使用鼠标与两个按钮进行交互，观察它们的外观如何变化，如图 9-21 所示。

> 💡 **注意** 测试影片（【控制】>【测试】）时，若浏览器中一片空白，请检查计算机是否能够正常连接网络。若不能，请打开【发布设置】对话框（【文件】>【发布设置】），单击【HTML/JS】选项卡，取消勾选【托管的库】。托管库可链接外部 JavaScript，发布的文件无须包含 JavaScript，但是必须连接到网络，这样才能保证项目正常运行。

图 9-21

到这里，我们还没有给按钮指令，告知它做什么。要实现这个功能，我们需要先给按钮元件的实例命名，然后还要学习一点代码知识。

9.4.6　为按钮元件的实例命名

接下来，为每个按钮元件的实例命名，以便在代码中使用它们。这一步非常关键，但初学者往往会漏掉。

❶ 单击舞台中的空白区域，取消选择所有按钮元件的实例，然后选择第一个按钮元件的实例。

❷ 在【属性】面板的【实例名称】中输入 ultra_btn，如图 9-22 所示。

❸ 使用同样的方法，把另外一个按钮元件的实例命名为 racer_btn。

图 9-22

对于实例的名称，Animate 要求很严格，只要有一个字母拼错，整个项目就无法正常工作。有关实例命名的内容，请阅读"命名规则"。

命名规则

在 Animate 中制作交互式项目时，为实例命名是一个很关键的步骤。初学者们常犯的错误不是没有为实例命名，而是命名不规范，甚至命名错误。

实例名称很重要，ActionScript 和 JavaScript 会使用实例名称引用实例对象。实例名称不同于【库】面板中的元件名称，元件名称只用来方便组织元件。

为实例命名时，请遵循如下简单规则和实践经验。

- 名称中不要使用空格或特殊标点符号，但可用下划线。
- 名称不要以数字开头。
- 注意大小写，ActionScript 和 JavaScript 区分大小写。
- 为按钮命名时，建议以 _btn 结尾。尽管这不是必须的，但这样做有助于识别按钮对象。
- 不要使用 ActionScript 和 JavaScript 中的保留关键字。

9.5 添加帧

为了添加更多内容，我们需要在时间轴中添加多个帧。

❶ 选中所有图层的第 30 帧，如图 9-23 所示。

图 9-23

❷ 从菜单栏中依次选择【插入】>【时间轴】>【帧】（按 F5 键）。此外，还可以使用鼠标右键单击第 30 帧，然后从弹出的快捷菜单中选择【插入帧】。

此时，Animate 会向所选图层插入帧直至所选位置（第 30 帧），如图 9-24 所示。

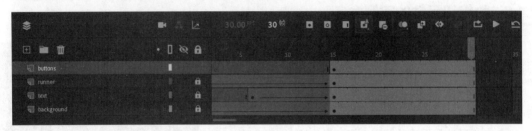

图 9-24

9.6 创建目标关键帧

当用户单击一个按钮时，Animate 会根据代码把播放滑块移动到一个新位置。在添加代码之前，我们需要先在时间轴上创建好目标关键帧，以供选择。

9.6.1 插入包含不同内容的关键帧

下面在一个新图层中创建 4 个关键帧，然后把每种鞋子的信息放入新关键帧中。

❶ 在所有图层之上新建一个图层，将其重命名为 content，如图 9-25 所示。

图 9-25

❷ 选择 content 图层的第 20 帧。

❸ 在第 20 帧处插入一个关键帧（从菜单栏中依次选择【插入】>【时间轴】>【关键帧】，或者按 F6 键，或者单击【时间轴】面板上方的【插入关键帧】图标），如图 9-26 所示。

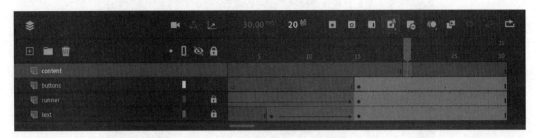

图 9-26

❹ 在第 25 帧处插入另外一个关键帧，如图 9-27 所示。

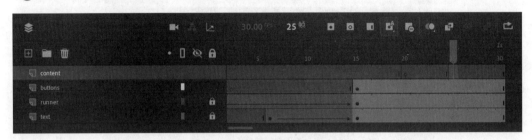

图 9-27

此时，content 图层上有两个空的关键帧。

❺ 解锁 runner 图层，选择第 20 帧。

❻ 从菜单栏中依次选择【修改】>【时间轴】>【转换为空白关键帧】（按 F7 键）。

此时，runner 图层的第 20 帧处会出现一个空白关键帧，用来在舞台中显示所选鞋子的更多信息，如图 9-28 所示。

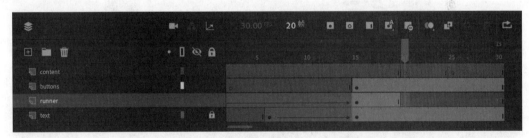

图 9-28

❼ 选择 content 图层第 20 帧处的空白关键帧。

❽ 从【库】面板把 vapormax ultra 图片拖到舞台上。

❾ 把 vapormax ultra 图片放在原跑步者的位置上，并旋转它，使其更具动感。在【变形】面板中，把旋转角度设置为大约 −24°；在【属性】面板的【位置和大小】区域中，把【X】设置为 65，把【Y】设置为 −52，如图 9-29 所示。

❿ 选择【文本工具】，在鞋子图片旁边添加描述信息。这里，添加的是文本 Vapormax Ultra，字体和字号可根据需要指定，如图 9-30 所示。

⓫ 选择 content 图层第 25 帧处的空白关键帧，如图 9-31 所示。

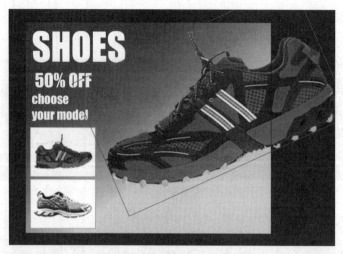

图 9-29

图 9-30

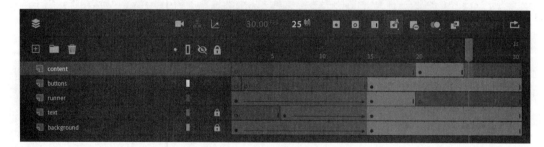

图 9-31

⑫ 从【库】面板把 2022 racer 图片拖到舞台上。

⑬ 参考上一张鞋子图片的设置方法,调整 2022 racer 图片的位置和旋转角度,如图 9-32 所示。

⑭ 在鞋子图片旁边添加文本 2022 Racer,如图 9-33 所示。

此时,content 图层中含有 3 个关键帧:第一个关键帧是空白的,位于第一帧处;第二个关键帧中含有 vapormax ultra 图片;第三个关键帧中含有 2022 racer 图片。

图 9-32

图 9-33

9.6.2 使用帧标签

在 Animate 中，可以给关键帧的标签指定一个名称。这样，在引用关键帧时，可以直接使用帧标签，而不必使用帧编号了。使用帧标签可以让代码更易读、易编写、易修改。

❶ 选择 content 图层的第 20 帧。

❷ 在【属性】面板的【标签】区域下，在【名称】中输入 ultra，如图 9-34 所示。

此时，第 20 帧处出现了一个标签，如图 9-35 所示。

❸ 选择 content 图层的第 25 帧。

❹ 在【属性】面板的【标签】区域下，在【名称】中输入 racer。

图 9-34

此时，第 25 帧处也出现了一个标签，如图 9-36 所示。

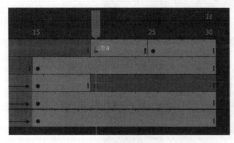
图 9-35

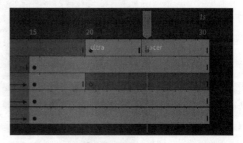
图 9-36

9.7 使用【动作】面板

【动作】面板是输入代码的地方，支持 JavaScript（HTML5 Canvas 文档）和 ActionScript（ActionScript 3.0 文档，支持 AIR 运行时的平台）两种语言。

从菜单栏中依次选择【窗口】>【动作】，或者在时间轴上选择一个关键帧，单击【属性】面板右上角的【动作】按钮，如图 9-37 所示，均可打开【动作】面板。

图 9-37

此外，还可以使用鼠标右键单击关键帧，然后从弹出的快捷菜单中选择【动作】，打开【动作】面板。

【动作】面板为输入代码提供了一个非常友好的环境，而且还提供了多个选项来帮助我们编写、修改、浏览代码，如图 9-38 所示。

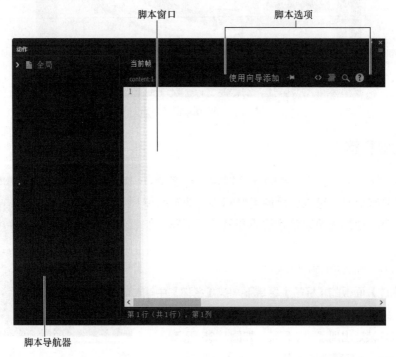
图 9-38

【动作】面板大致分为左右两部分。右侧部分是脚本窗口，用来编写代码。可以在脚本窗口中自由地输入 ActionScript 或 JavaScript 代码，就像使用文本编辑器一样。

左侧部分是脚本导航器，显示代码的位置。Animate 把代码放在时间轴的关键帧上，当有大量代码散布在不同的关键帧和时间轴上时，使用脚本导航器查找代码会非常方便。

【动作】面板底部显示着文本插入点当前位置的行号与列号（或者行中字符）。

【动作】面板的右上角有各种查找、替换、插入代码的按钮，还有一个【使用向导添加】按钮。

9.8 使用向导添加交互代码

当前时间轴上有多个关键帧，单击【播放】按钮，Animate 会从第 1 帧一直播放到第 30 帧，依次显示与鞋子有关的所有内容。但在这个交互式横幅广告中，我们希望画面一直停留在第 15 帧，等待用户单击某张鞋子图片。

9.8.1 暂停播放

我们可以使用 stop() 操作暂停播放影片。stop() 操作能让播放滑块停住，从而达到暂停播放影片的目的。

❶ 在所有图层之上添加一个新图层，将其重命名为 actions，如图 9-39 所示。

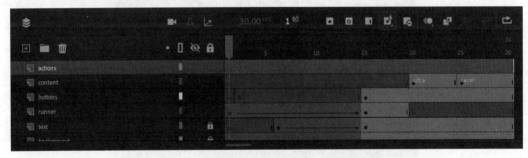

图 9-39

通常，Animate 会把 JavaScript 和 ActionScript 代码放在时间轴的关键帧中。

❷ 在 actions 图层的第 15 帧处，添加一个关键帧，如图 9-40 所示。

图 9-40

❸ 选择第 15 帧，打开【动作】面板（【窗口】>【动作】）。

❹ 单击【使用向导添加】按钮，如图 9-41 所示。

图 9-41

向导会在【动作】面板中打开，指引你一步步地完成代码的编写。使用向导生成的代码显示在脚本窗口中。你可以使用向导向 HTML5 Canvas、WebGL glTF、VR Panorama、VR 360 文档添加 JavaScript 代码。如果想插入 ActionScript 代码，则可以使用【代码片段】面板（汉化后的软件中被显示为"代码片断"）。

❺ 在第 1 步中，从列表中选择一项操作，或者希望 Animate 执行的操作。在【选择一项操作】下，向下拖动滚动条，找到【Stop】并选择它，如图 9-42 所示。

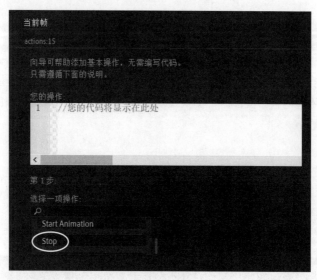

图 9-42

此时，右侧会出现【要应用操作的对象】列表。

❻ 在列表中选择【This timeline】，如图 9-43 所示。

图 9-43

此时，脚本窗口中会出现代码，如图 9-44 所示，Animate 会把 stop() 操作应用到当前时间轴上。

❼ 单击【下一步】按钮。

向导中会出现第 2 步。

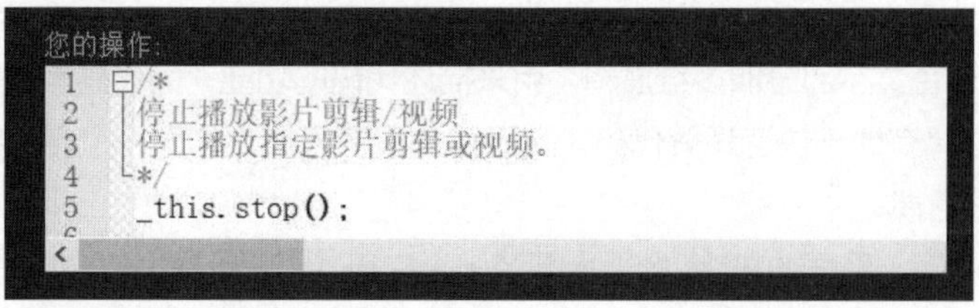

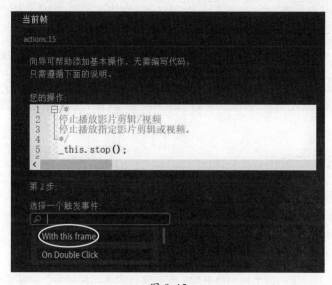

图 9-44

⑧ 在第 2 步中，为所选操作选择一个触发事件。这里选择【With this frame】，如图 9-45 所示。

图 9-45

此时，脚本窗口中又多了一行引用当前时间轴的代码。

我们希望时间轴一开始就执行 stop() 操作，也就是当播放滑块遇到当前帧时立即执行该操作。

⑨ 单击【完成并添加】按钮。

此时，【动作】面板的脚本窗口中会显示出完整的代码，如图 9-46 所示。

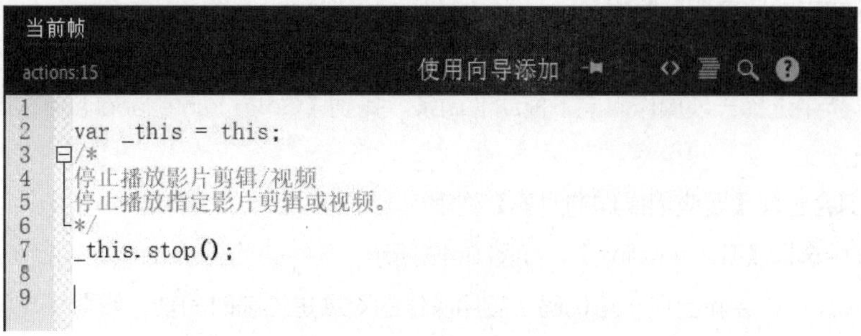

图 9-46

代码如下：

var _this = this;

_this.stop();

第一句代码用来创建一个变量（又叫引用）_this，它用来引用当前时间轴。

第二句代码用来向当前时间轴应用 stop() 操作。每句代码最后都有一个分号，用来表示一句代码的结束。

/* 与 */ 之间的灰色文字部分叫多行注释，用来描述代码的功能。为代码添加良好的注释是非常重要的，良好的代码注释有助于快速理解代码，从而省去很多麻烦。作为一个合格的编程者，一定要养成添加代码注释的好习惯。

在时间轴中，actions 图层的第 15 帧上出现了一个字母 a，表示其中包含代码，如图 9-47 所示。

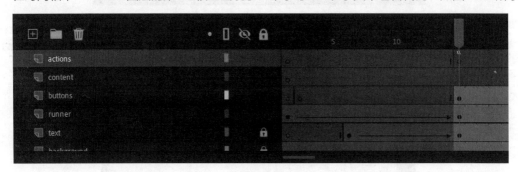

图 9-47

9.8.2　添加按钮点击动作

前面添加的代码让播放滑块停在了第 15 帧。接下来，为按钮点击添加一个动作。在向导中，按钮点击是一个触发器，但是在 JavaScript 和 ActionScript 中它是一个事件。

当影片中发生事件时，Animate 能检测到，并且能够做出相应的响应。例如，单击鼠标、移动鼠标、按下按键都是事件。

移动设备中的捏合、滑动等手势也是事件。有些事件需要用户触发，有些事件不需要用户触发，例如成功载入一段数据或一个音频。

❶ 选择 actions 图层的第 15 帧。

❷ 打开【动作】面板。

❸ 在脚本窗口中，把光标放到一个空白行。接着添加更多代码。

❹ 单击【使用向导添加】按钮。

向导会在【动作】面板中打开。

❺ 在第 1 步中选择一项操作。向下拖动滑动条，找到【Go to frame label and Stop】并选择它，如图 9-48 所示。

此时，右侧会出现【要应用操作的对象】列表。

❻ 在列表中选择【This timeline】，如图 9-49 所示。

此时，脚本窗口中会新出现一句代码，应用操作的对象是当前时间轴，如图 9-50 所示。

❼ 在新添加的代码中，把单引号内的内容（enterFrameLabel）更改成希望播放滑块跳转到的那个帧的帧标签名称（ultra），如图 9-51 所示。

此时，帧标签名称是绿色的，并位于一对单引号之间。

❽ 单击【下一步】按钮。

向导中会显示第 2 步。

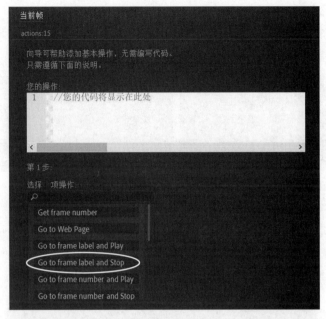

图 9-48

图 9-49

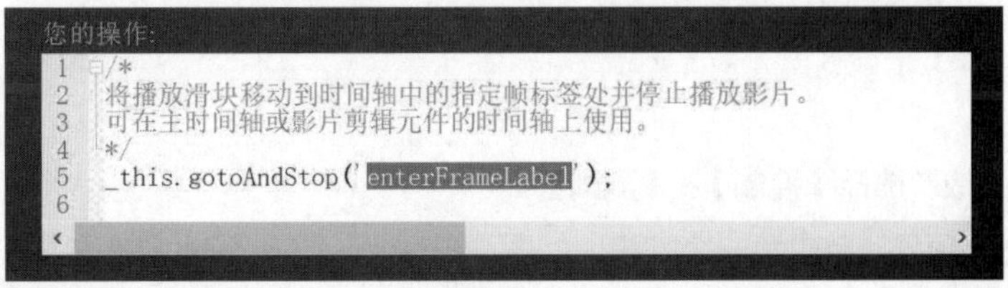

图 9-50

```
您的操作:
1  /*
2    将播放滑块移动到时间轴中的指定帧标签处并停止播放影片。
3    可在主时间轴或影片剪辑元件的时间轴上使用。
4  */
5  _this.gotoAndStop('ultra');
```

图 9-51

⑨ 在第 2 步中，需要为所选操作选择一个触发事件，这里选择【On Mouse Click】，如图 9-52 所示。

当按下鼠标按键然后松开时，就会触发【On Mouse Click】事件。此时，右侧会出现【选择一个要触发事件的对象】列表。

⑩ 在【选择一个要触发事件的对象】列表中，选择【ultra_btn】，如图 9-53 所示，这个按钮对应第一张鞋子图片，其信息显示在 ultra 关键帧中。

图 9-52   图 9-53

⑪ 单击【完成并添加】按钮。

在【动作】面板的脚本窗口中可以看到新添加的代码，其中包含触发器（click）和一个函数，如图 9-54 所示。当触发器触发时，就会执行函数中的代码，函数代码包裹在一对花括号中。这里的函数中只有一句代码，用来移动播放滑块，其实函数中可以包含多句代码。

```
当前帧
actions:15                        使用向导添加
1
2    var _this = this;
3  ┌/*
4  │停止播放影片剪辑/视频
5  │停止播放指定影片剪辑或视频。
6  └*/
7    _this.stop();
8
9
10   var _this = this;
11 ┌/*
12 │单击指定元件的实例时将执行相应函数。
13 └*/
14 ┌_this.ultra_btn.on('click', function(){
15 ┌/*
16 │将播放滑块移动到时间轴中的指定帧标签处并停止播放影片。
17 │可在主时间轴或影片剪辑元件的时间轴上使用。
18 └*/
19   _this.gotoAndStop('ultra');
20
21 └});
22
```

图 9-54

⑫ 从菜单栏中依次选择【控制】>【测试】。

打开浏览器显示项目。单击第一个按钮，如图 9-55 所示，Animate 会检测到按钮上发生的单击事件，把播放滑块移动到 ultra 关键帧处，显示 Vapormax Ultra 鞋子的详细信息。

⑬ 关闭浏览器，返回到 Animate 中。

⑭ 选择 actions 图层的第 15 帧，再次打开【动作】面板。

⑮ 使用相同的方法，为另一个按钮添加触发器和要执行的操作。单击另一个按钮，执行 gotoAndStop() 操作，Animate 会把播放滑块移动到 racer 关键帧处。

> ♡ 注意　如果你有一定的编程基础，那么在为另一个按钮编写代码时，可以尝试直接在脚本窗口中复制第一个按钮的代码，然后根据情况修改按钮名称和帧标签名称。这比使用向导快多了，而且这还有助于你了解和学习 JavaScript 代码的结构。当你掌握了 JavaScript 代码的结构之后，就可以试着自己编写代码了。

图 9-55

检查错误

编写代码时，即使你经验丰富，也时常需要对代码进行调试；即使小心翼翼，你的代码也可能会出现一些问题。使用向导添加代码时，向导本身就能帮助我们减少一些拼写错误和常见错误。若手动输入代码，则下面的建议可以帮你尽量减少或找出代码中的错误。

- 在 ActionScript 3.0 文档中，Animate 会自动在【编译器错误】面板（【窗口】>【编译器错误】）中显示代码错误，给出错误描述及其发生的位置。如果你的代码存在编译器错误，则代码无法运行。

- 充分利用代码中的颜色提示功能。Animate 会用不同的颜色显示关键字、变量、注释等。我们不需要知道它们为什么不一样，只需要知道不同的颜色有助于我们发现哪里出现了问题。

- 在【动作】面板的右上角单击【设置代码格式】按钮，Animate 会自动调整代码格式，使代码更易读。在【Animate】>【首选参数】>【编辑首选参数】>【代码编辑器】（macOS），或者【编辑】>【首选参数】>【编辑首选参数】>【代码编辑器】（Windows）中，可以设置代码格式。

♀ 提示　在使用帧编号而非帧标签时，请注意 Animate 使用的 JavaScript 库从 0 开始计算帧数，因此时间轴上第 1 帧的编号是 0 而不是 1。另一方面，用于 WebGL glTF 和 VR 文档的 ActionScript 和 JavaScript 库是从 1 开始计算帧数的。基于这个原因，建议大家尽量使用帧标签。

9.9　添加 Shop now 按钮

横幅广告最重要的功能是把目标用户导向到目标网站。为此，需要在广告画面中添加一个按钮——

Shop now 按钮。

当用户单击 Shop now 按钮时，会在一个新浏览器窗口中打开目标网站。

9.9.1　添加 Shop now 按钮元件的实例

【库】面板中已经准备好了一个 Shop now 按钮元件，接下来，把它添加到舞台中，并添加相应的代码。

❶ 若 buttons 图层处于锁定状态，则先解锁，然后选择第 15 帧。

❷ 从【库】面板把 Shop now 按钮元件拖到舞台上，然后将其移动到人物下方，并居中靠近舞台底部，如图 9-56 所示。

图 9-56

❸ 在【属性】面板中，把【X】设置为 114，把【Y】设置为 238。

❹ 在【属性】面板中，把实例的名称设置为 shopnow_btn，如图 9-57 所示。

图 9-57

9.9.2　为 Shop now 按钮添加代码

Shop now 按钮的触发器是单击按钮，执行的操作是 Go To Web Page（跳到指定网页）。

❶ 选择 actions 图层的第 15 帧。

❷ 打开【动作】面板。

❸ 在脚本窗口中，把光标放到所有代码之后的空白行。接下来，在原有代码的基础上添加新代码。

❹ 单击【使用向导添加】按钮。

向导会在【动作】面板中打开。

❺ 进入第 1 步，从【选择一项操作】列表中选择【Go To Web Page】，如图 9-58 所示。

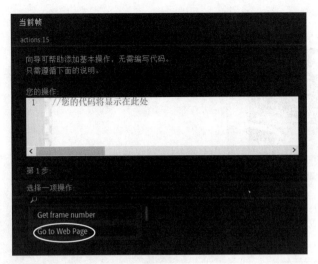

图 9-58

在脚本窗口中,把绿色高亮部分替换成目标网站的 URL。这里,我们使用默认 URL,即 Adobe 官网的 URL,如图 9-59 所示。

图 9-59

⑥ 单击【下一步】按钮。

进入第 2 步。

⑦ 在第 2 步中为所选动作指定一个触发事件。这里选择【On Mouse Click】,如图 9-60 所示。

当用户在按钮上按下鼠标按键然后松开(或者用户用手指点击按钮)时,就会触发【On Mouse Click】事件。此时,右侧会出现【选择一个要触发事件的对象】列表。

⑧ 从【选择一个要触发事件的对象】列表中选择【shopnow_btn】,如图 9-61 所示。

图 9-60

图 9-61

⑨ 单击【完成并添加】按钮,代码如图 9-62 所示。

⑩ 测试影片。

当用户单击 Shop now 按钮时,就会弹出一个新浏览器窗口,并在其中加载 Adobe 官网,如图 9-63 所示。

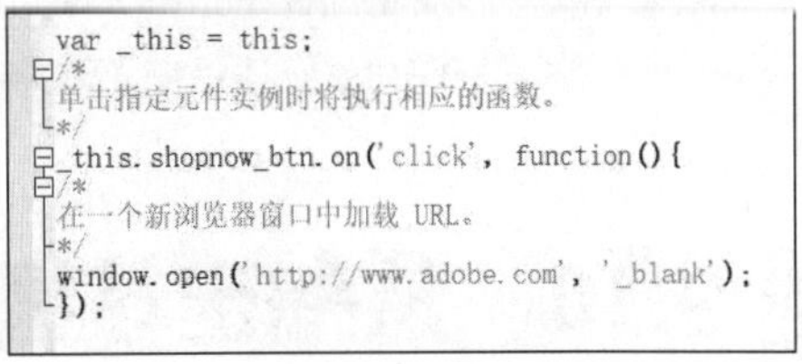

```
var _this = this;
/*
单击指定元件实例时将执行相应的函数。
*/
this.shopnow_btn.on('click', function(){
/*
在一个新浏览器窗口中加载 URL。
*/
window.open('http://www.adobe.com', '_blank');
});
```

图 9-62

图 9-63

【代码片段】面板

在 Animate 中，我们还可以在【代码片段】（即图 9-64 中显示的"代码片断"）面板（【窗口】>【代码片段】）中添加 ActionScript 和 JavaScript 代码。【代码片段】面板把不同类型的交互组织在不同的文件夹中。展开某个文件夹，选择一个动作，Animate 会引导你一步步完成添加代码的工作，如图 9-64 所示。

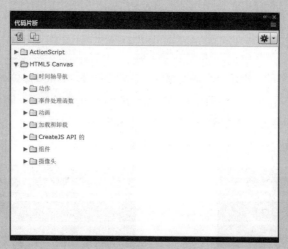

图 9-64

在【代码片段】面板中，可以保存自己的代码，并将其分享给其他开发人员。

对初学者来说，最好还是在【动作】面板中使用向导来编写 JavaScript 代码。

9.10 从指定帧播放动画

前面我们在交互式横幅广告中使用 gotoAndStop() 操作在时间轴的不同关键帧中显示鞋子图片，

但是这些鞋子图片是突然出现的，我们希望它们出现的时候有一段过渡动画。为此，我们可以使用 gotoAndPlay() 这个操作，它会先把播放滑块移动到指定帧处，然后从那个帧开始往前播放动画。

9.10.1　制作过渡动画

下面为每张鞋子图片制作一个简短的过渡动画。在过渡动画中，鞋子图片会从舞台右侧进入舞台中。接着，修改代码让 Animate 把播放滑块移动到初始关键帧处，开始播放动画。

❶ 把播放滑块移动到帧标签 ultra 处。

❷ 在舞台中，同时选中鞋子图片与文本，然后单击鼠标右键，从弹出的快捷菜单中选择【创建补间动画】，如图 9-65 所示，或者在时间轴上方选择【创建补间动画】。

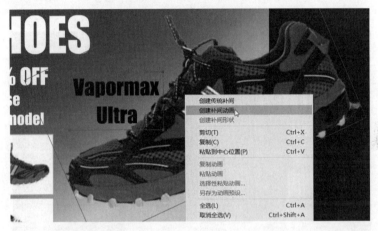

图 9-65

❸ 弹出【将所选的多项内容转换为元件以进行补间】对话框，询问是否要把所选内容转换为元件并创建补间，单击【确定】按钮，如图 9-66 所示。

此时，Animate 会为元件的实例单独创建一个补间图层，用来创建补间动画，如图 9-67 所示。

❹ 向右移动元件的实例，使其超出舞台右边缘，处于不可见状态，如图 9-68 所示。

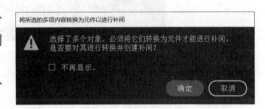

图 9-66

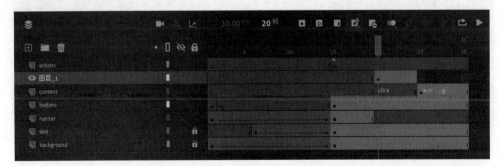

图 9-67

❺ 把播放滑块移动到补间末尾，即第 24 帧处。

❻ 把元件的实例移回到舞台中原来的位置，如图 9-69 所示。

图 9-68

图 9-69

这样，在第 20 帧与第 24 帧之间就有了一段进入动画。

❼ 使用同样的方法，在 racer 关键帧中，为第二张鞋子图片创建类似的补间动画，如图 9-70 所示。制作好之后先不要测试，还要调整一下 JavaScript 代码，使动画正常工作。

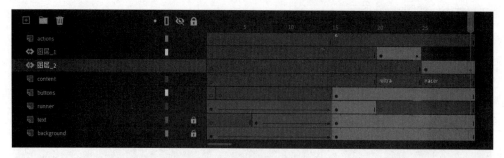

图 9-70

9.10.2 使用 gotoAndPlay() 操作

使用 gotoAndPlay() 操作可以把播放滑块移动到时间轴上指定的帧处，然后从那一帧开始播放动画。

> 💡 **提示** 执行多次替换的一种快捷方法是使用【动作】面板中的【查找和替换】命令：在【动作】面板的右上角单击【查找】图标（放大镜），然后从查找文本框右侧的下拉列表中选择【查找和替换】。

❶ 选择 actions 图层的第 15 帧，打开【动作】面板。

❷ 在 JavaScript 代码中，把前两个 gotoAndStop() 操作更改成 gotoAndPlay() 操作，其他参数保持不变，如下。

- gotoAndStop ('ultra'); → gotoAndPlay ('ultra');
- gotoAndStop ('racer'); → gotoAndPlay ('racer');

针对每个按钮，JavaScript 代码都会直接把播放滑块移动到特定帧处，然后从那里开始播放动画。

为保证 Shop now 按钮的功能不发生变化，我们还需要添加 stop() 操作，使动画停下来。

9.10.3 让动画停下来

此时，测试影片（【控制】>【测试】），不论单击哪个按钮，都会跳转到相应的帧，然后往下播放，显示出时间轴中的所有动画。这是不对的，接下来，我们要告诉 Animate 什么时候让动画停下来。

❶ 选择 actions 图层的第 24 帧，这一帧恰好位于 content 图层的 racer 关键帧之前，如图 9-71 所示。

❷ 使用鼠标右键单击第 24 帧，从弹出的快捷菜单中选择【插入关键帧】。

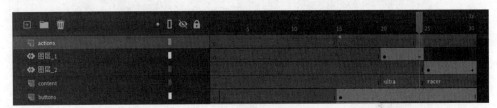

图 9-71

此时，Animate 会在 actions 图层中插入一个关键帧。接下来，在这个关键帧中添加 stop() 操作，使播放滑块在第二段动画开始播放前停下来。

❸ 打开【动作】面板。

此时，脚本窗口中没有内容。其实，我们以前添加的代码都还在，它们都在 actions 图层的第 1 个关键帧中。接下来，选择新关键帧添加 stop() 操作。

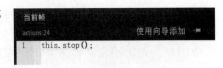

图 9-72

❹ 在脚本窗口中输入代码 this.stop();，如图 9-72 所示。

当播放滑块移动到第 24 帧时，它就会停下来。

> 💡 **提示** 按住 Option 键（macOS）或 Alt 键（Windows），拖动包含 stop() 操作的关键帧，可以将其快速复制到一个新位置。

❺ 在第 30 帧处，插入另外一个关键帧，如图 9-73 所示。

❻ 打开【动作】面板，在这个关键帧中添加 stop() 操作。

> 💡 **提示** 除了直接输入代码之外，还可以使用【使用向导添加】功能向每个关键帧添加 stop() 操作。

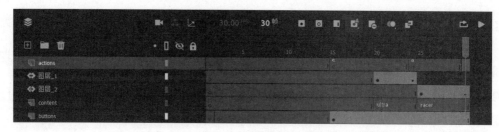

图 9-73

❼ 从菜单栏中依次选择【控制】>【测试】，测试影片。

单击不同的按钮播放滑块会跳转到不同的关键帧处，播放鞋子图片进入舞台的动画。播放到末尾，动画会停下来，等待用户单击另一个按钮，如图 9-74 所示。

图 9-74

【动作】面板中的【固定脚本】功能

当代码散布在时间轴的多个关键帧中时，会很难来回编辑与查看它们。为此，【动作】面板提供了【固定脚本】功能，它可以把指定关键帧中的代码固定在【动作】面板中。打开某个关键帧中的代码，然后单击【动作】面板顶部的【固定脚本】按钮（见图 9-75），Animate 会为当前显示在脚本窗口中的代码单独创建一个选项卡。

选项卡的名称由两部分组成，一部分是关键帧所在图层的名称，另一部分是关键帧的编号。可以把多个关键帧中的代码固定在【动作】面板顶部，方便在它们之间来回切换。

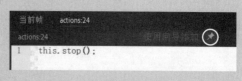

图 9-75

在继续学习后面的内容之前，请先取消固定所有脚本，只保留【当前帧】一个选项卡。

9.11 调整按钮动画

当前，当把鼠标指针移动到某个按钮上时，按钮上会突然出现红色边框和黄色填充。接下来，为鼠标指针悬停添加一个动态效果，使用户与按钮之间的交互更加自然、高级。

按钮动画应该在【弹起】【指针经过】【按下】关键帧中显示。创建按钮动画的关键是把影片剪辑元件嵌入按钮元件中。先在影片剪辑元件内部创建动画，然后把影片剪辑元件放入按钮元件的【弹起】【指针经过】【按下】关键帧中。当一个按钮关键帧显示出来时，影片剪辑元件中的动画就开始播放。

在影片剪辑元件内制作动画

横幅广告的按钮元件（指针经过状态）中包含一张鞋子的图片（位图）。接下来，先把鞋子图片转换成影片剪辑元件，然后在影片剪辑元件内部制作动画。

❶ 在【库】面板中，展开 buttons 文件夹，双击 ultra 按钮元件左侧的图标。

进入 ultra 按钮元件的编辑模式，如图 9-76 所示。

❷ 在【指针经过】关键帧中选择鞋子图片。

❸ 使用鼠标右键单击鞋子图片，从弹出的快捷菜单中选择【转换为元件】。

弹出【转换为元件】对话框。

❹ 从【类型】下拉列表中选择【影片剪辑】，在【名称】中输入 ultra_mc，单击【确定】按钮，如图 9-77 所示。

图 9-76

图 9-77

此时，按钮元件的【指针经过】关键帧中有了一个影片剪辑元件的实例。

❺ 双击影片剪辑元件的实例，就地编辑它。舞台上方的编辑栏中显示着元件的嵌套关系，如图 9-78 所示。

⑥ 使用鼠标右键单击鞋子图片，从弹出的快捷菜单中选择【创建补间动画】，如图 9-79 所示。

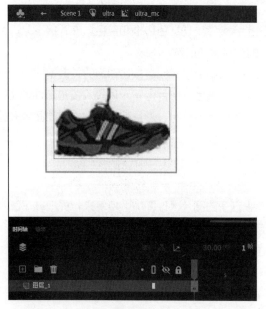

图 9-78

图 9-79

⑦ 弹出【将所选的多项内容转换为元件以进行补间】对话框，询问是否要把所选内容转换为元件并创建补间，单击【确定】按钮。

此时，Animate 会把鞋子图片转换成一个元件，放置在补间图层上，并向时间轴添加 30 帧（总时长 1 秒），如图 9-80 所示。

图 9-80

⑧ 向左拖动补间末尾，使时间轴上只有 10 帧，如图 9-81 所示。

⑨ 把播放滑块移动到第 10 帧处。

⑩ 选择【任意变形工具】，放大鞋子图片，使其充满其所在的按钮区域或者稍微超出按钮区域，如图 9-82 所示。

图 9-81

图 9-82

此时，Animate 会创建一段鞋子图片逐渐变大的过渡动画，整个过渡动画只有 10 帧。

⑪ 新添加一个图层，将其重命名为 actions。

⑫ 在 actions 图层的最后一帧处（第 10 帧），添加一个关键帧，如图 9-83 所示。

图 9-83

⑬ 打开【动作】面板（【窗口】）>【动作】），在脚本窗口中输入 this.stop();。

在最后一帧中添加 stop() 操作可确保动画只播放一次。actions 图层的最后一个关键帧上（第 10 帧）显示着一个小写字母 a，代表该关键帧中含有代码，如图 9-84 所示。

图 9-84

💡 提示　如果希望单击按钮可循环播放动画，则在影片剪辑元件的最后一帧中删除 stop() 这个操作。

⑭ 在舞台上方的编辑栏中单击【Scene 1】，退出元件编辑模式。

⑮ 从菜单栏中依次选择【控制】>【测试】。

当把鼠标指针移动到第一张鞋子图片上时，鞋子图片会稍稍变大，凸显出来，如图 9-85 所示。

图 9-85

💡 注意　主时间轴和影片剪辑元件的时间轴都支持添加 JavaScript 代码。在各种类型的元件中，只有影片剪辑元件支持交互功能。

⑯ 使用相同的方法，为 racer 按钮添加补间动画，使其在鼠标指针经过时播放动画；并在补间动画的最后一帧中添加 stop() 操作，确保动画只播放一次。

9.12 复习题

❶ 在何处及如何添加 ActionScript 或 JavaScript 代码？

❷ 如何给实例命名？命名实例有什么用？

❸ 如何给帧添加标签？添加帧标签有什么用？

❹ stop() 操作有什么用？

❺ 在【动作】面板的向导中，触发器是什么？

❻ 如何制作按钮动画？

9.13 答案

❶ 在时间轴的关键帧中添加 ActionScript 或 JavaScript 代码。包含代码的关键帧上会出现一个小写字母 a。从菜单栏中依次选择【窗口】>【动作】；或者选择一个关键帧，在【属性】面板中，单击【动作】按钮；或者使用鼠标右键单击关键帧，从弹出的快捷菜单中选择【动作】。此时会打开【动作】面板，然后在其中添加代码。在添加代码时，既可以使用【使用向导添加】功能，也可以直接在脚本窗口中输入代码。此外，还可以在【代码片段】面板中添加代码。

❷ 先在舞台中选择一个实例，然后在【属性】面板的【实例名称】中输入名称即可为实例命名。为实例命名之后，ActionScript 或 JavaScript 代码才能引用到它。

❸ 先在时间轴上选择帧，然后在【属性】面板的标签名称中输入名称即可为帧添加标签。为帧添加标签之后，可以在代码中轻松地引用帧，方便我们更灵活地控制帧。

❹ stop() 操作用来使播放滑块停下来。

❺ 触发器是一个事件，Animate 可以用一个操作响应它。单击按钮或者播放某个帧都是常见的触发器。

❻ 按钮动画在【弹起】【指针经过】【按下】关键帧中显示。要制作按钮动画，先在一个影片剪辑元件内部制作动画，然后再把影片剪辑元件放入按钮元件的【弹起】【指针经过】【按下】关键帧中。当一个按钮关键帧显示时，影片剪辑元件中的动画就会播放。

9.14 接下来

到这里，本书的最后一课就学完了。通过对本书的学习，我们了解到 Animate 提供的功能非常全面，其拥有制作富媒体交互项目和动画需要的所有功能；而且借助 Animate，我们可以轻松地把制作好的作品发布到不同平台。在本书的学习过程中，我们了解并真实体验了各种工具、面板、代码是如何协同完成一个项目的。

常言道：学无止境。学完本书后，你可以尝试自己使用 Animate 制作动画，不断提升 Animate 使用水平，也可以多看一些动画和多媒体项目以获得更多创作灵感，还可以查看 Animate 帮助资源和 Adobe Press 其他优秀的出版物来进一步扩充自己的 Animate 知识。